体察四季的点点滴滴从每时每刻开始

看名校学生怎样做自然观察笔记

植物观察笔记

ZHIWU GUANCHA BIJI

张培华 主编

化学工业出版社

·北 京·

图书在版编目（CIP）数据

植物观察笔记 / 张培华主编. -- 北京 :化学工业出版社, 2016.5（2025.4重印）
（我的大自然观察笔记）
ISBN 978-7-122-26600-2

Ⅰ. ① 植… Ⅱ. ① 张… Ⅲ. ① 植物 - 少儿读物 Ⅳ. ① Q94-49

中国版本图书馆CIP数据核字（2016）第059418号

责任编辑：龚　娟　　　　装帧设计：尹琳琳
责任校对：战河红

出版发行：化学工业出版社(北京市东城区青年湖南街13号 邮政编码100011)
印　　刷：盛大（天津）印刷有限公司
710 mm ×1000 mm　1/16　印张 8　字数 30千字　2025年4月北京第1版第50次印刷

购书咨询：010-64518888　售后服务：010-64518899
网　　址：http://www.cip.com.cn
凡购买本书，如有缺损质量问题，本社销售中心负责调换。

定　价：29.80元　

出版说明

一本由孩子们自己创作的科普观察与绘画艺术相结合的书《植物观察笔记》终于出版了。

现代教育理念是全面培养孩子的综合素质，使孩子全面发展，具有创造力、想象力、动手能力及个性化，而不是灌输知识。我们认为这些能力的培养都必须从学会观察着手。“我的大自然观察笔记”丛书的目标就在于教孩子如何做自然观察笔记的同时，提出一种学习思路、一种学习观察的方法。

观察是内容之源。通常我们会通过阅读、写作来提高孩子的表达能力。语言的表现力很丰富，可以直接描述，也可以用比喻、想象来修饰。但观察笔记中的绘画则不同，不管画下来像与否，孩子都要经过观察才能落笔，所以说观察笔记里的观察是绘画的基础，也是表达的基础。只有观察了，才能有思考、有感悟、有创新、有联想。调动看、听、嗅、尝等所有感官，感受越多，理解就越深入，原本那些孤立的事物，也会因为观察的增多而变得熟悉、亲切起来，记忆也会更加深刻。在观察的现场用笔简单勾画出动植物的形态，用文字在一旁写下场景与感受；如有疑问标注在一旁，回家通过查阅资料探索动植物的特性与奥秘，补充笔记。充分调动所有感官和灵感，专注于观察、记录，这样不仅会对大自然的理解和认识日益深刻，在与他人分享认识和感受时表达能力也得到提高。

观察笔记是一种有价值的学习方法。学习是把信息吸收进来，运用时可以随时调动出来的完整过程。吸收的过程实际上就是记忆的过程，记忆方法的不同也体现出思维方式的不同。运用观察笔记的形式来学习，是一个很好的实现记忆的方式。成功的记忆方法要体现七个思维要素，分别是图像、转换、联想、想象、情感、逻辑、定位。在知识的学习过程中增加

绘画的部分尤其重要。观察笔记中事实、数据、图像等基础信息进入大脑后，经过加工处理分散到大脑的不同区域，图像的加工处理存在于我们负责创造和情感的右脑，而右脑已被科学家实验证明具有神奇的记忆能力。因此观察笔记体现了左右脑并用的学习方法，能形成左右脑思维的习惯。

“我的大自然观察笔记”丛书用绘画艺术表现科学，为孩子提供一个新的学习科学的方法，一个新的学习艺术的视角。艺术是美的，艺术的创造力是无穷的，我们可以无限享受这种美，但身处科技生活的现代，我们不仅需要美，还需要以科学体现美，用科学的尺度把控美。艺术可以无限发挥，但有了科学这把尺子，就要求孩子们首先要符合科学，学会名副其实地观察。

“我的大自然观察笔记”丛书在众多学生和老师的参与下历时近一年的时间终于编写完成。书中几百幅的绘画作品由孩子们自己创作完成。在此特别感谢北京市科学技术委员会、北京市史家胡同小学的张培华、李阳老师及所有参与本书的科学和美术老师们。在他们共同的努力下完成了这两本的编写，更要感谢书里呈现美妙画作的小画家们给了同学们一个指引的方向，你们的努力将鼓励更多的同学们投入到这种学习方法中，让更多的同学受益。

最后欢迎更多的孩子们加入到创作观察笔记的队伍中来，我们将收集更多的观察笔记出版续篇，投稿邮箱：bj@ercmedia.cn。

写在前面的话

⊙小小说：

我不会飞，但我想和小鸟做朋友，
我跑不快，但我看马儿们跑的样子，知道它们一定很快乐，
我不是小草，瓢虫和蝴蝶不会落在我身上和我说话，
我不是江河，没有鱼儿在我怀抱里穿梭……

可我有一双眼睛，我有颗总想“知道”的心，
我还有神奇的画笔和多多的期待，
我会问问题，我会仔细看，
我把它们都画下来，这是我的笔记本
这是我的观察笔记……

⊙妈妈说：

神奇的四季在我的童年记忆里是春天里的第一声雷；知了唱彻整个夏天；秋风在麦场里打滚；还有一睁眼看见窗上的小冰花。

当我渐渐长大，熟悉了都市的嘈杂与紧张，童年里那些明媚的色彩和可爱的生灵都消失了。直到有一天宝宝捏着一只小蜗牛，兴奋地扭过来，嘟嘟地和我告白时，无端的感动汹涌而来。

宝贝，我有太多的东西要告诉你。让我告诉你它是谁？它每天住在哪里？它还有哪些小朋友？快长大，让我带你去看……

⊙孙老师说：

爱画画的孩子都是好孩子，在他们笔下一切都可以变神奇。你不是梭罗，但你可以培养捕捉细节的眼睛和透明安静的心。

去爱自然吧，去画它们吧，

去做你的自然笔记……

⊙我们说：

真正的诗意来自自然。

让孩子在自然中学习、探索，鼓励他们用独一无二的表述方式去记录。

我们在旁边轻声说：你看……

在凝神的过程里他们终将明白，

探索永不停息……

简单的工具就可以开始啦

● **铅笔**：无论是打草稿还是直接绘制，你都需要准备铅笔。最开始你只需要准备HB和2B两个型号。HB的画精细线条，2B的笔尖较软，颜色也稍重，可以画阴影或者比较重的地方。如果在户外，自动铅笔是最好选择。

● **彩铅笔**：彩铅笔有两种，一种是水溶性的，加水以后溶化，可以描绘出水彩效果；另一种是油性的彩色铅笔，靠线条和涂抹来表现。

橡皮
毛笔
时间
画本
信心
书包
美工刀
调色板
眼睛
便笺
铅笔
心
方向
画板
坚持!

● **橡皮**：准备两种，一种是稍软的，在光滑纸面上画的线条很容易擦掉。一种是硬硬的，可以把它切成三角形，用来擦很重的笔道。

● **马克笔**：马克笔也有很多分类，有油性的（防水）和水性的（不防水）。从笔尖看有扁头的、圆头的和斜面的。通过转动笔头，可以画出不同笔道。

● **笔记本**：笔记本用A4纸一半大小的就可以，要选择很容易摊开的装订方式。也可以选择带浅浅暗格的纸张，方便写更多的字，慢慢地，可以用完全白色的速写本或者水彩本。

● **削铅笔**：彩铅笔不能削得太尖了，要不太浪费啦！笔尖画短了后，转个角度还是可以用的。

● **刀子**：小刀可以是美工刀，也可以是方便的转笔刀，随你喽！

● **针管笔（钢珠笔）**：针管笔的特点是画出的线条本身装饰性很强，在你有一定造型能力和自信的时候，建议你用针管笔直接画。记录的意义除了记下知识和观察结果，同时也锻炼你的手眼配合能力，画得多了，你对大小、距离、宽窄就有了更精准的判断，下笔也一定比开始更准确。

别怕！你能行！

对于工具的选择和使用，开始的时候不用纠结，画多了就会慢慢地选到自己最喜欢的和最适合的。起始阶段最重要的是记录观察对象和记录的过程。经过慢慢积累，你就知道以后哪些地方可以仔细描绘，哪些是你更喜欢和擅长的。

从简单开始！

刚刚开始的时候，记住！你就是要记录东西，不是画画，你不是画家，你是科普小能手。

本子的第一面可以写上自己的名字、学校和班级。如果你愿意也可以多写一点文字，记录你当时的心情。

每篇观察日记都要标明日期和地点，这样做的目的是方便将来查找和对比。

当天的天气也是必须要记录的，不同的天气与描述的景色有很大关系。比如有些动物在特殊的天气才活跃，而有些植物可能在某种天气下才有不一样的反应 。

观察和记录当时的样子，印象最深的地方也是你的关注点。下笔之前想好，怎样表现你看到的和心里想要表现的样子。

好啦！我们开始吧！让那些平时司空见惯的东西变神奇吧！

观察笔记怎么做?

观察方法

自然

间接

实验

解剖

动态

对比

综合

周期

重点

怎么画

特征草图

漫画

速写

装饰画

局部特写

故事画

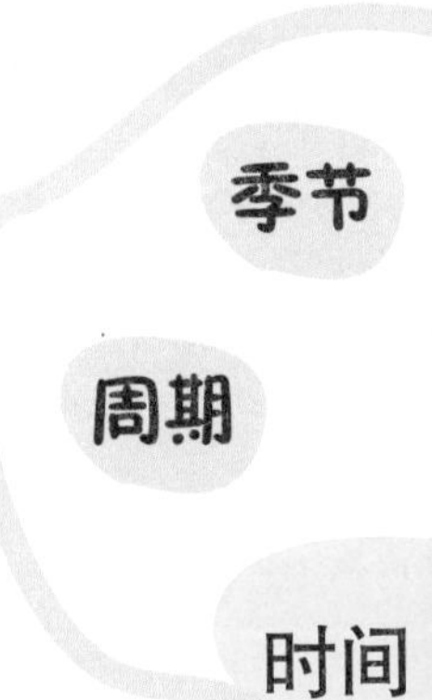

早晚变化

季节

气候

周期

延续性

时间

地理位置

环境

生活习性

地点

与捕食的关系

需要一个笔记本

判断

感受

科学依据

人文关怀

联想

宇宙观

特征

对象

畅想

角度

对比

个人喜好

重点观察

目 录

第一部分 植物和植物的种类

第二部分 植物外部特征的观察

第三部分 居室内植物的观察

第四部分 郊野、公园植物的观察

第五部分 经济作物的观察

在大自然中，

有许多形形色色的植物。

它们大大小小，

高高低低，

形状各异，

约有30多万种。

第一部分

植物和植物的种类

❶ 形形色色的植物

在大自然中，有许多形形色色的植物。它们大大小小，高高低低，形状各异，约有 30 多万种。

我是植物
我是植物
我是植物
我是植物
我是植物
我是植物

❷ 什么是植物

植物的差异如此之大，为什么都是植物或植物的一部分呢?

原来它们都是会自己制造“食物”的。植物的食物不是吃进去的，它们可以利用从根部吸收上来的水和从空气中吸收的二氧化碳，在阳光的作用下，在叶绿体中合成营养物质。植物的营养主要是自己制造的，动物的营养主要是从外界摄入的，这是动物和植物的主要区别。

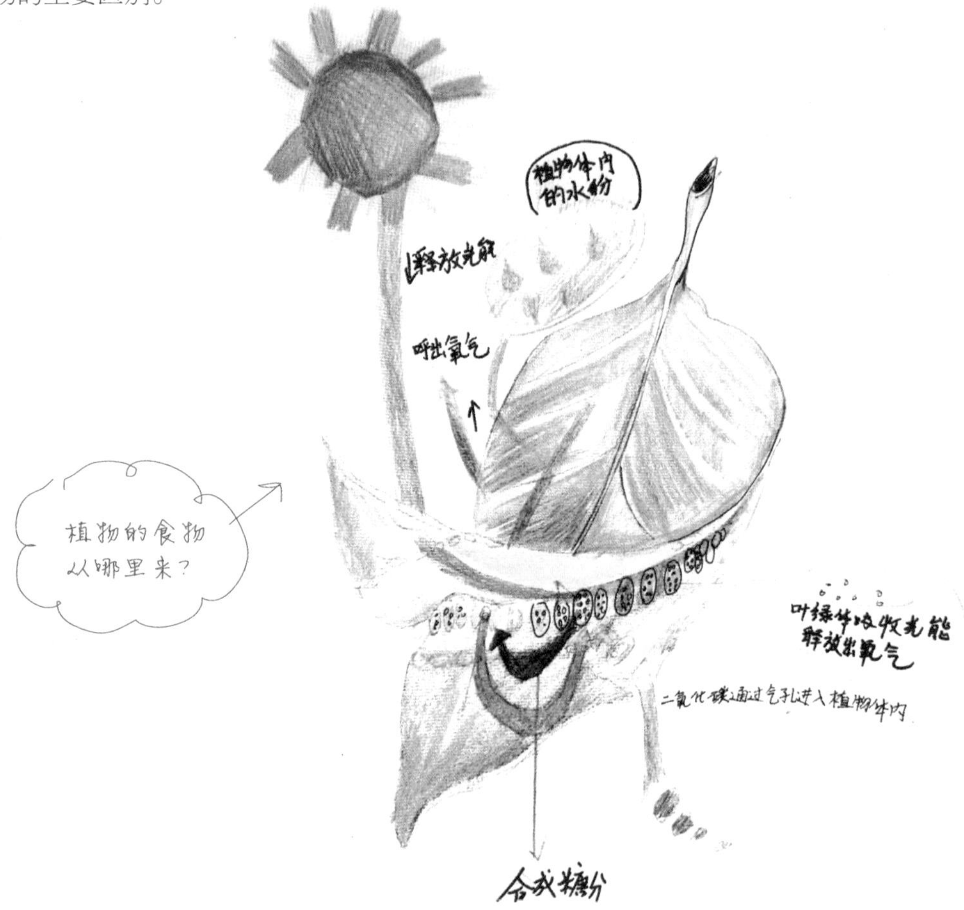

植物的光合作用
阳光
阳光
氧气
二氧化碳
氧气
二氧化碳
氧气
二氧化碳
氧气
叶绿素
有机物
有机物
二氧化碳
氧气
氧气
水
植物的光合作用

❸ “吃东西”的植物

我们知道有的动物吃植物，比如牛、马、羊，但你知道有的植物也吃动物吗？比如猪笼草，它可以捕食昆虫，因为它有一个“袋子”，袋口能分泌香味，引诱昆虫。袋口光滑，昆虫会滑落袋内，被袋底的液体淹死，并逐渐被猪笼草消化吸收。

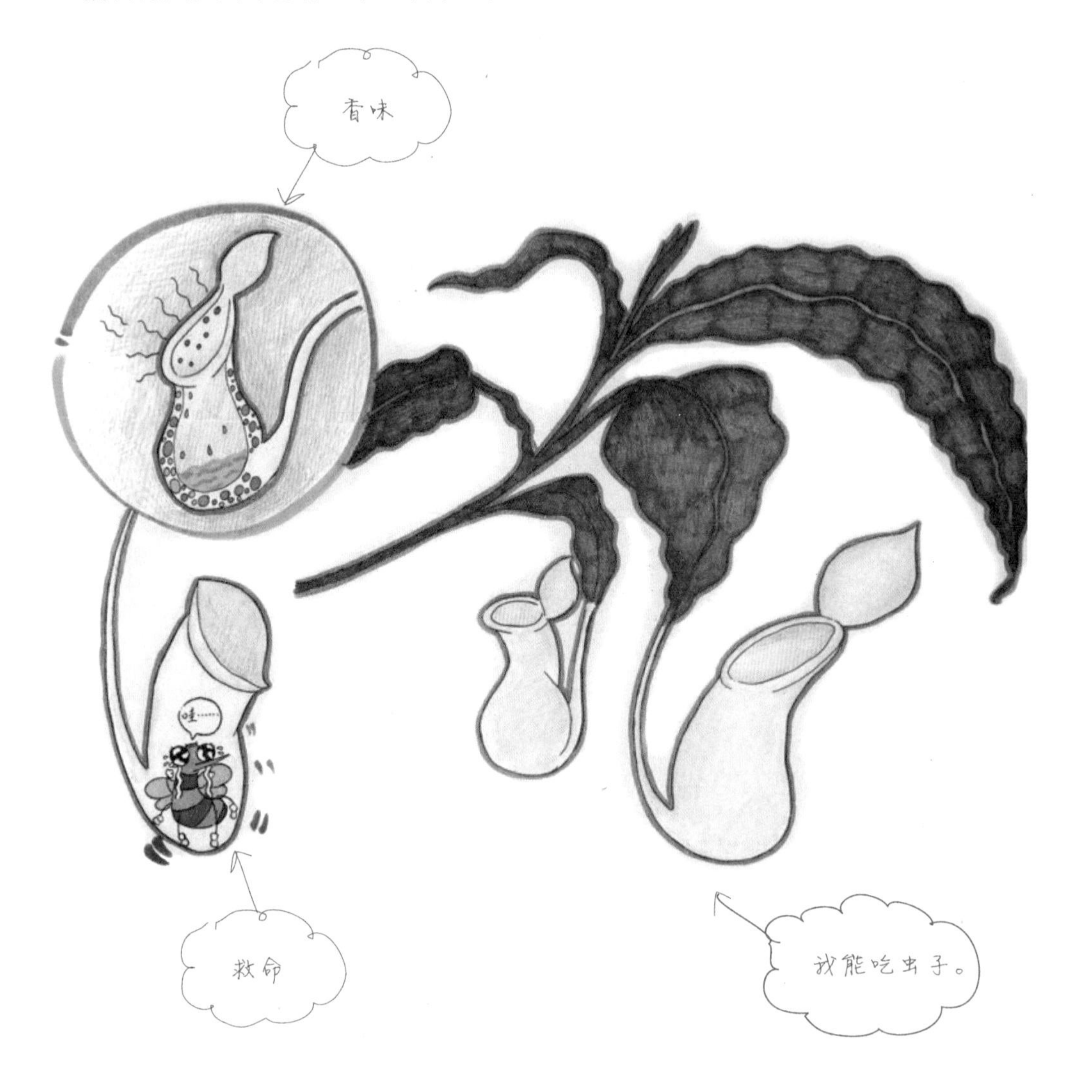

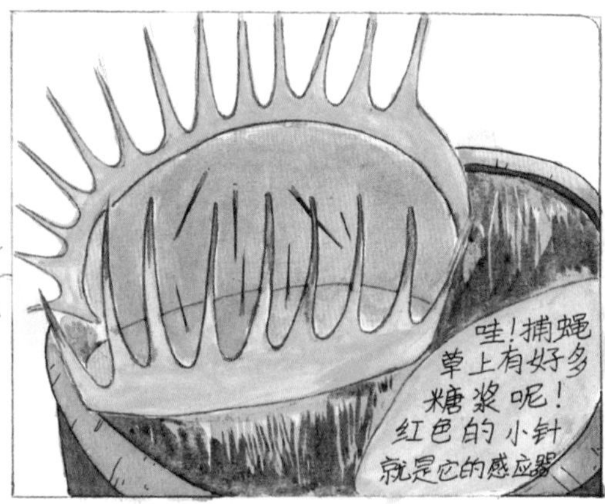

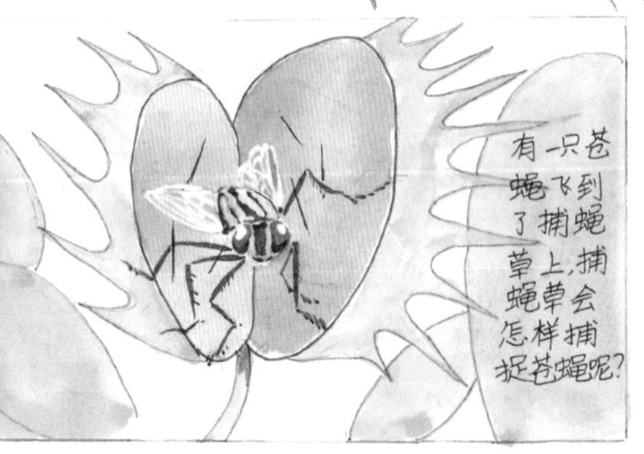

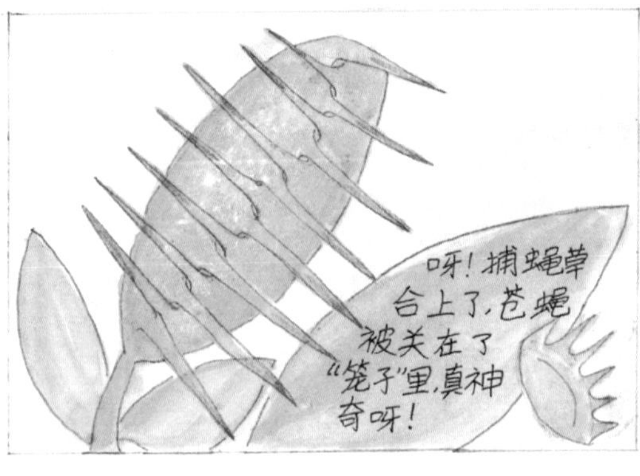

有些植物虽然能吃小虫，但是它们生命所依赖的能源依然主要来源于光合作用。因此，不要因为它们“吃东西”就误以为它们不是植物了。

另外还有一种捕蝇草，和猪笼草类似，它会张开“大嘴”，有昆虫落入口中就会迅速地“闭嘴”，把虫子当作美味消化吸收。

❹ 菌类是植物吗

蘑菇
0.01毫米
孢子
菌褶（生长孢子的地方）
鳞片
菌盖
菌柄
菌托
菌环
菌丝索
地上部分
地下部分
当子实体成熟后，便传播孢子，繁殖后代。
蘑菇的第一个生命周期（详）
孢子定植萌发。（树根、地面……）
形成菌丝体
菌丝体
是菌丝这种细小丝状细胞的集合。（地下）
第一个生命周期结束。
当菌丝发育成熟后，成为子实体，转为生殖成长。
地面上的部分叫"子实体"。
蘑菇的第一个生命周期（略）
孢子发芽，变为菌丝
与同种类其他菌丝合体
变为蘑菇
传播孢子
蘑菇
我曾经被确认为植物，现在人们把我列为菌类，不属于植物了。因为我不能像植物那样自己制造身体所需的营养，靠分解吸收无生命的有机质作为新陈代谢的能源和繁殖生长物质基础。

❺ 植物的分类

植物的种类很多，我们可以简单地将它们划分为高等植物和低等植物。

我的根、茎、叶划分非常明显，我是高等植物！

我没有根、茎、叶的划分，结构简单，是低等植物。

❻ 种子植物

我们已经知道怎样区分高等植物和低等植物了。在高等植物中，又分为种子植物和孢子植物。那么让我们来看看它们又是怎样划分的。

我结果，我是种子植物。
我有种子（松子），我也是种子植物。

藻类植物、苔藓植物和蕨类植物均通过孢子进行生殖，统称为孢子植物。

❼ 被子植物和裸子植物

种子植物又可以分为两种，一种叫裸子植物，一种叫被子植物。

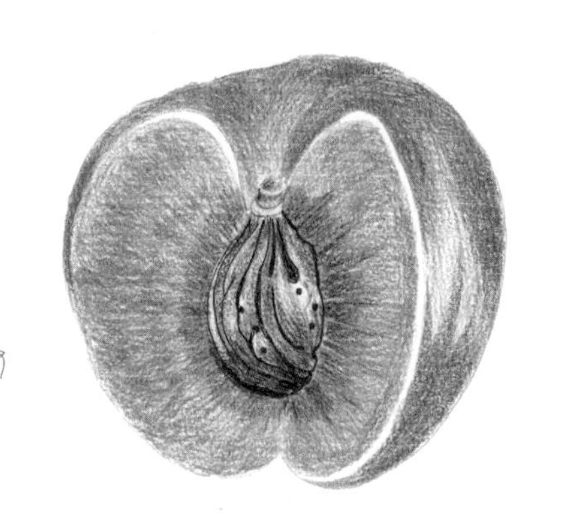

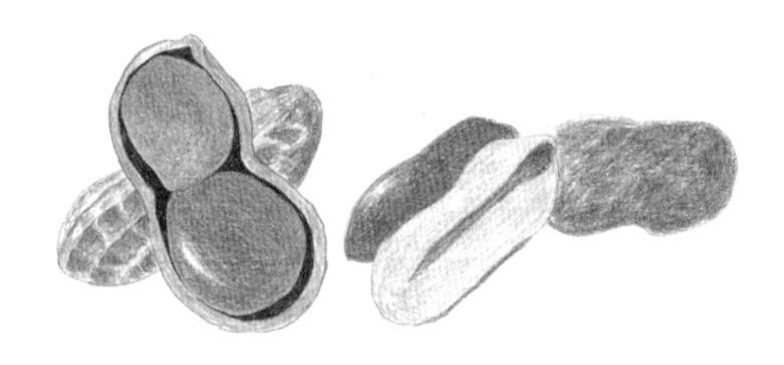

种子外面有像“被子”一样的果皮包裹着的称为被子植物，没有盖“被子”的裸露在外的种子被称为裸子植物，这下我们就很容易记住了吧！

被子植物是地球上最高等的植物。被子植物的身体一般由六部分构成。这六部分有可能同时出现在植物的身体上，也有可能出现在植物生长的不同阶段中。

我是银杏的种子，人们误以为我是果实，其实我没有果实，我也是裸子植物。

被子植物都知道用“被子”来保护自己的种子了，当然不愧是最高等的植物了！

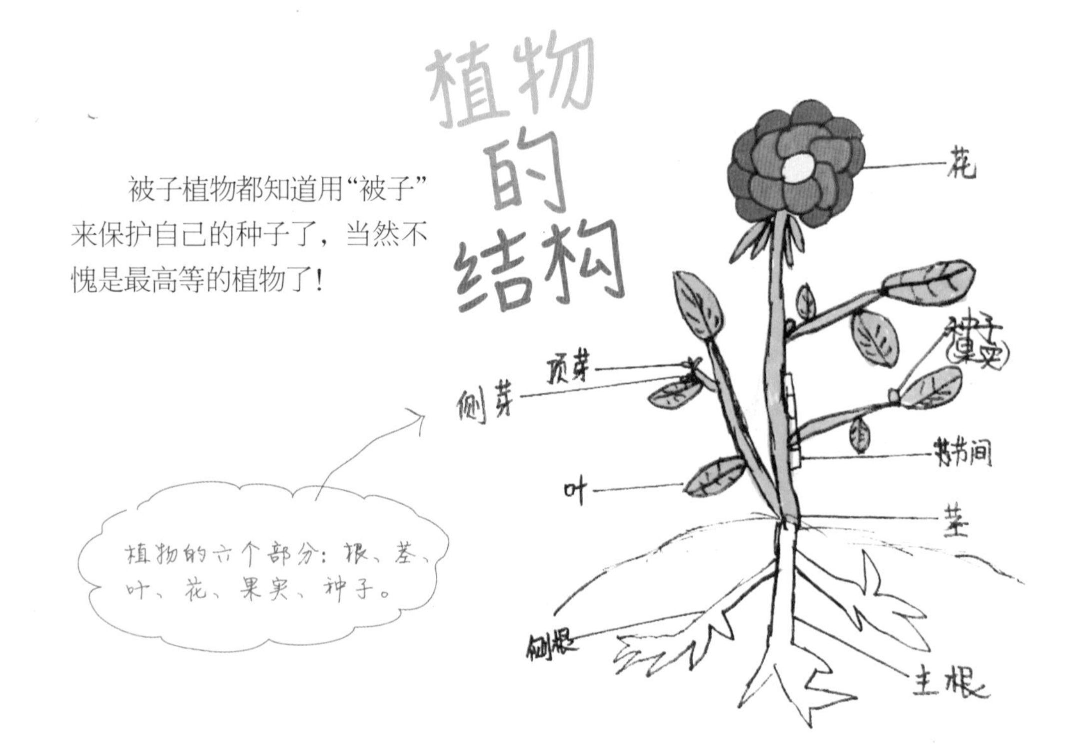

❽ 单子叶植物和双子叶植物

被子植物的种子可以明显分为两大类，一类就像花生、大豆那样，种子可以分成两半，也就是种子包含两片子叶的；另一类就像玉米、水稻的种子那样，不能分开两半，也就是只有一片子叶的。于是根据种子的不同，就可以将被子植物再分成两类——单子叶植物和双子叶植物。

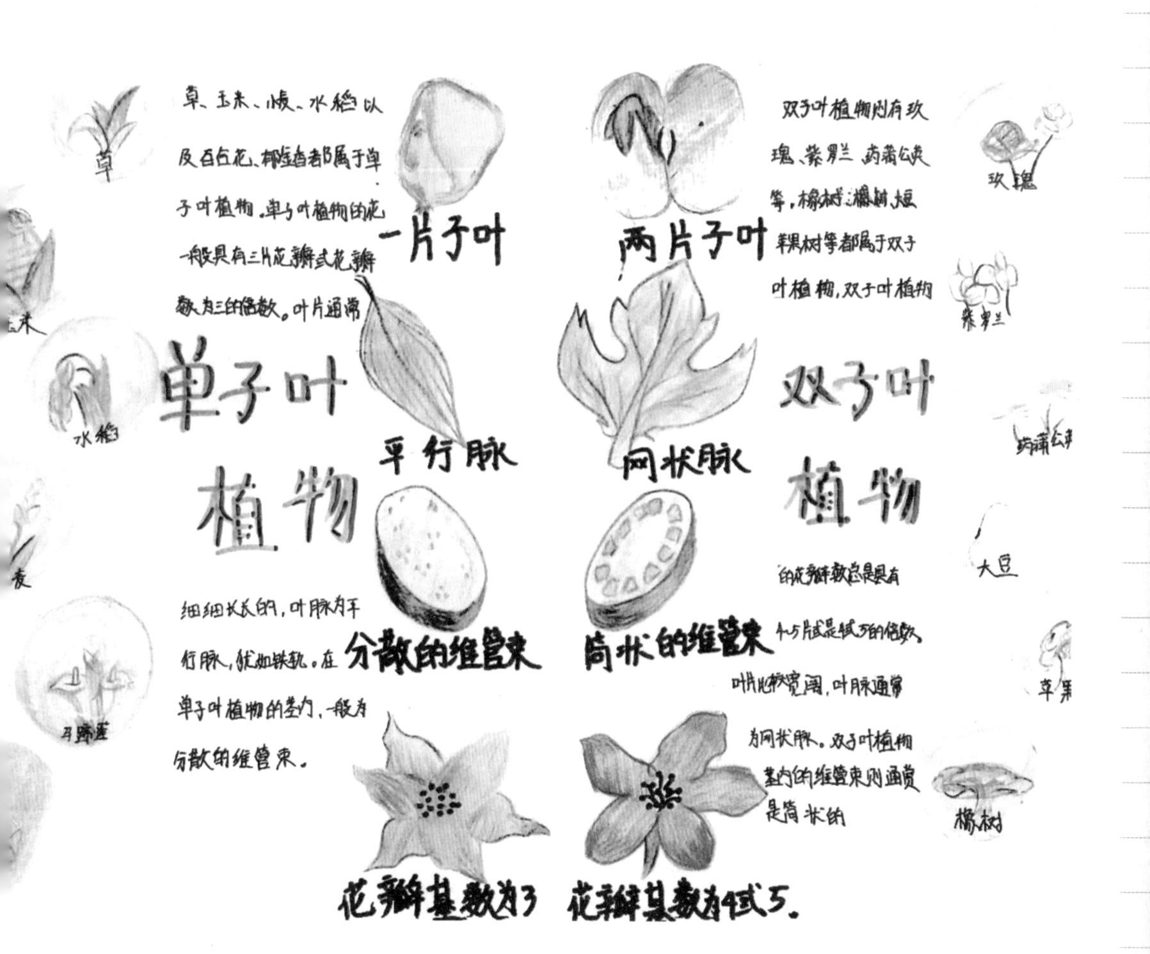

植物的根、茎、叶、花，

在生长过程中会发生形态上的变化，

这些新鲜的事物等着我们去探索，

每一次观察，

都会距离真相更近。

第二部分

植物外部特征的观察

❶ 根的观察

根系是一株植物全部根的总称。根系有直根系和须根系两大类。大多数的裸子植物和双子叶植物是直根系；单子叶植物的主根不发达，其根系为须根系。你看，它是不是有些像老爷爷的胡须？

有些植物的根都是由胚根形成的，有些植物的根或者是一部分的根则不是由胚根形成的，是植物的茎或叶上所发生的根，称为不定根。

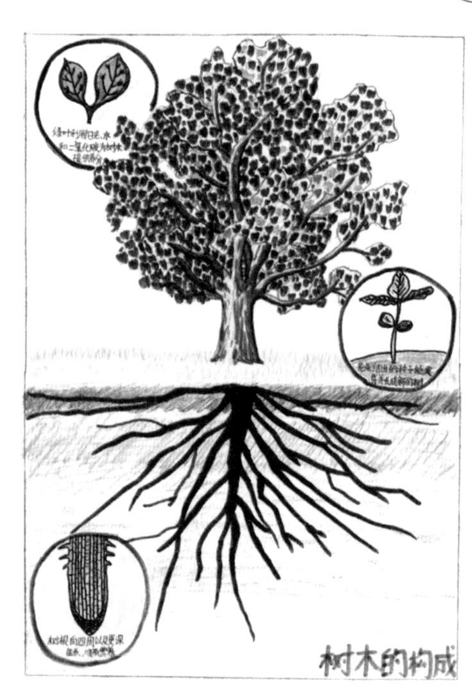

根对于植物来说太重要了，它是植物吸收营养的重要部分，就好像我们人类的血管一样不可或缺。

咬定青山不放松，立根原在破岩中。
千磨万击还坚劲，任尔东西南北风。
（郑燮《竹石》）

想了解有关树木的更多知识，可以扫描二维码，一起快乐学习吧

有些植物的根还会在生长过程中发生形态上的变化。比如萝卜的主根在生长中会变得又粗又壮，储存很多营养。这种根叫作储藏根，也有人称其为贮藏根。

像萝卜这样的肉质直根是贮藏根。由于萝卜是主根形成的，所以一棵萝卜只能得到一根萝卜。

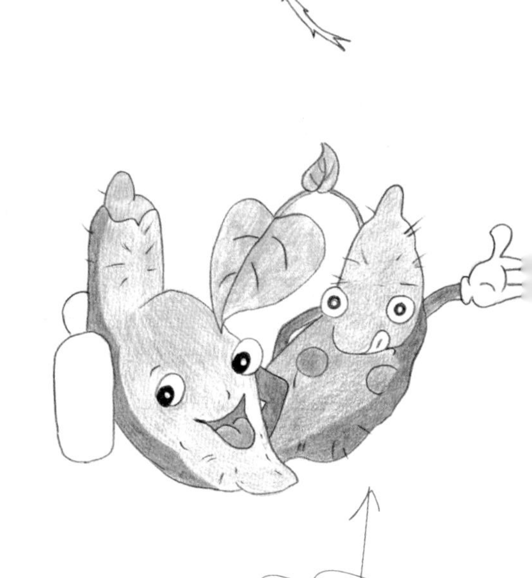

这下知道了吧，我们平时吃的萝卜和白薯是根而不是果实，它们是一种变态的根，一种储藏了很多营养的根。

像白薯这样的块根也是贮藏根。与萝卜不同的是，块根是由侧根或不定根形成的。由于侧根、不定根有很多，所以种一棵白薯有可能得到很多块白薯。

❷ 茎的观察

大树的地上部分，除了叶、花、果实以外的部分都是茎。我们常说的树干、树枝、树杈，其实都是茎。

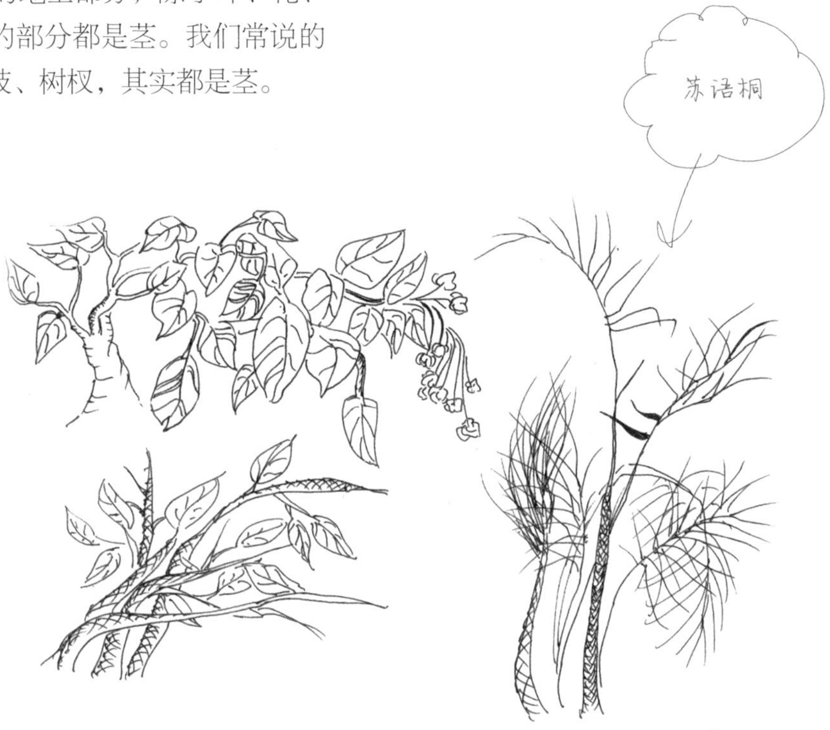

苏语桐

竹子的茎最好认了，它是一节一节的。这正是茎的特征之一——茎上有节。节与节之间的部分称为节间。

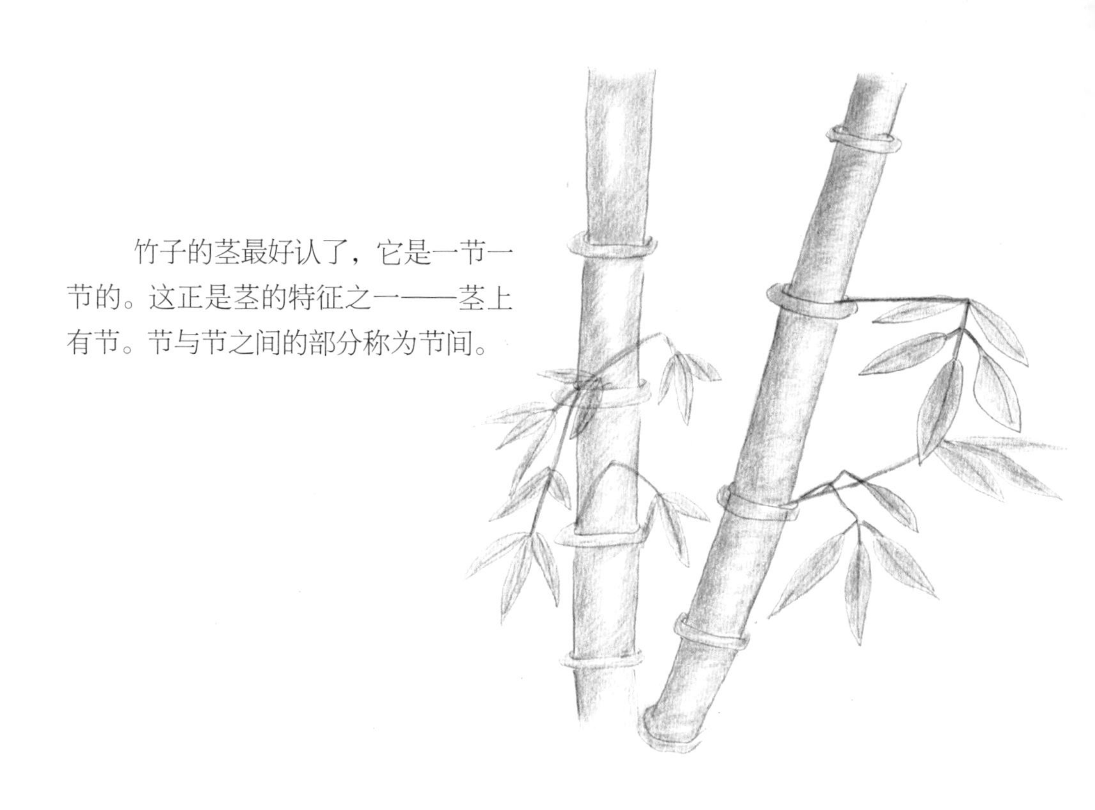

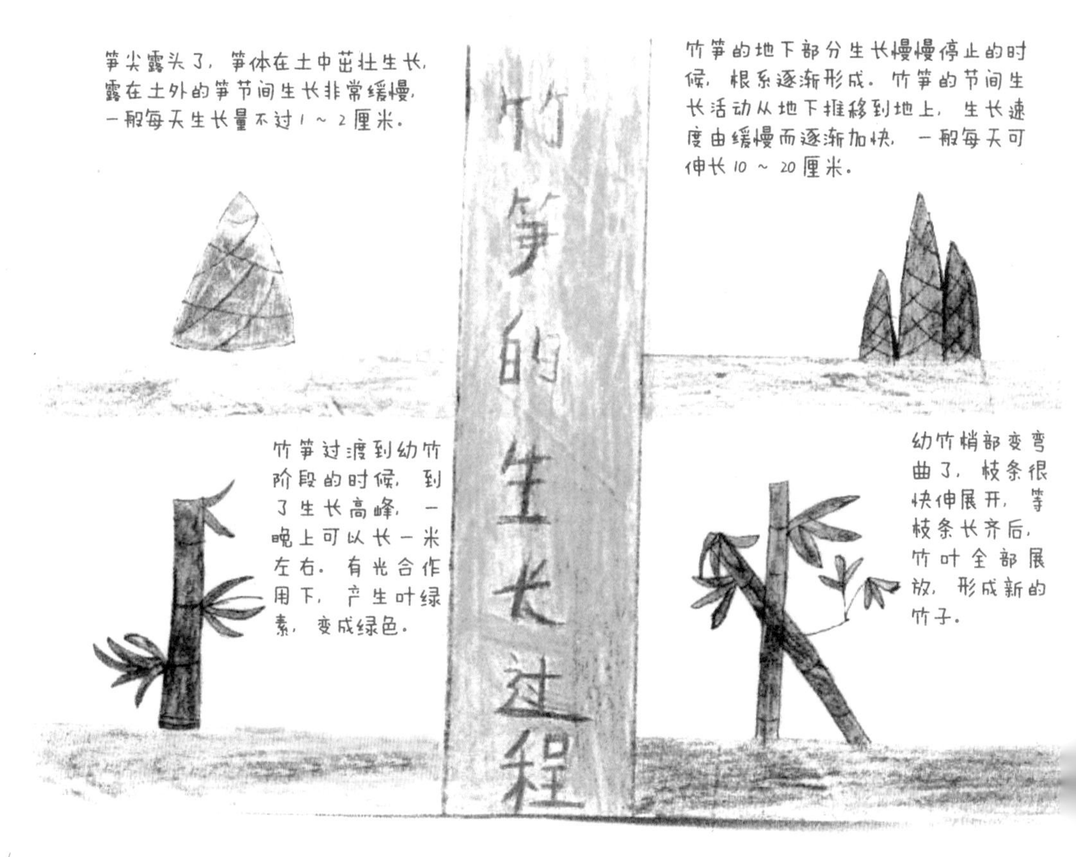

你发现了吗？植物的叶子和花，都是从节上长出来的。在茎的节上，有时我们会看到芽，随着时间的推移，你会发现有些芽逐渐长成了叶子，有些芽变成了花，还有些芽长成了新的枝条（茎）。茎上的节上不一定都会长出芽，但芽儿一定都长在节上。

植物的茎不一定都能够挺立在地面上，支撑着植物的身体，有些也会趴在地面上（匍匐茎），还有些缠在其他物体上（缠绕茎）或攀爬在其他物体上（攀缘茎）。

有些植物的茎长在地下，而且样子也比较“古怪”。但是它们也有节，节上也会长芽。

大部分植物的茎是圆柱形的，它们的截面是圆形。

有些植物的茎不是圆柱形的，而是四棱、三角或其他形状，如仙人掌类植物。有些茎的截面是扁圆形的，有些则是多边形的。

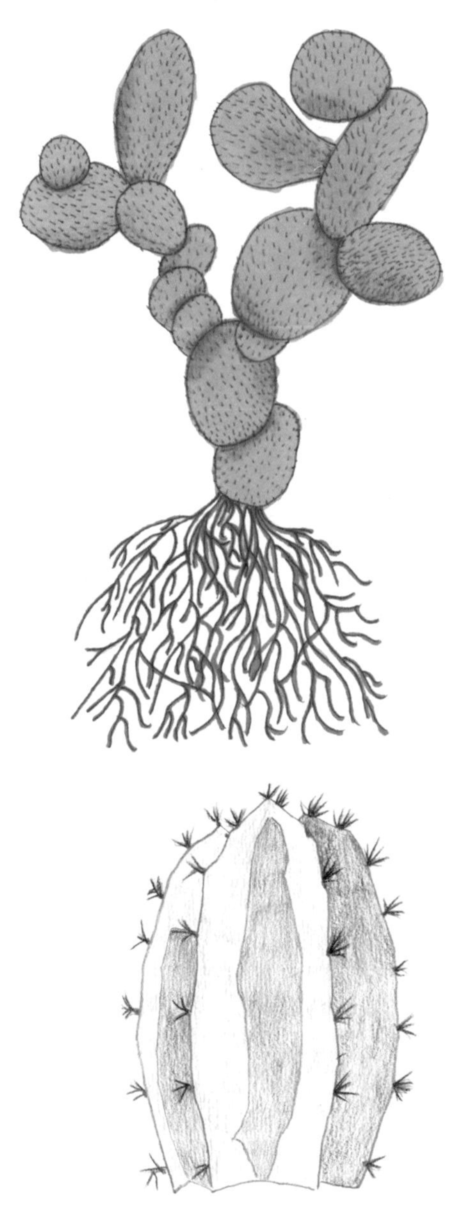

❸ 叶的观察

叶是植物的营养器官，大部分含有叶绿素，因此为绿色。如果含有的胡萝卜素、花青素多一些，就会呈现出黄、红等丰富多彩的颜色了。

叶子轮廓的形状称为“叶形”，它是植物分类的重要根据之一。

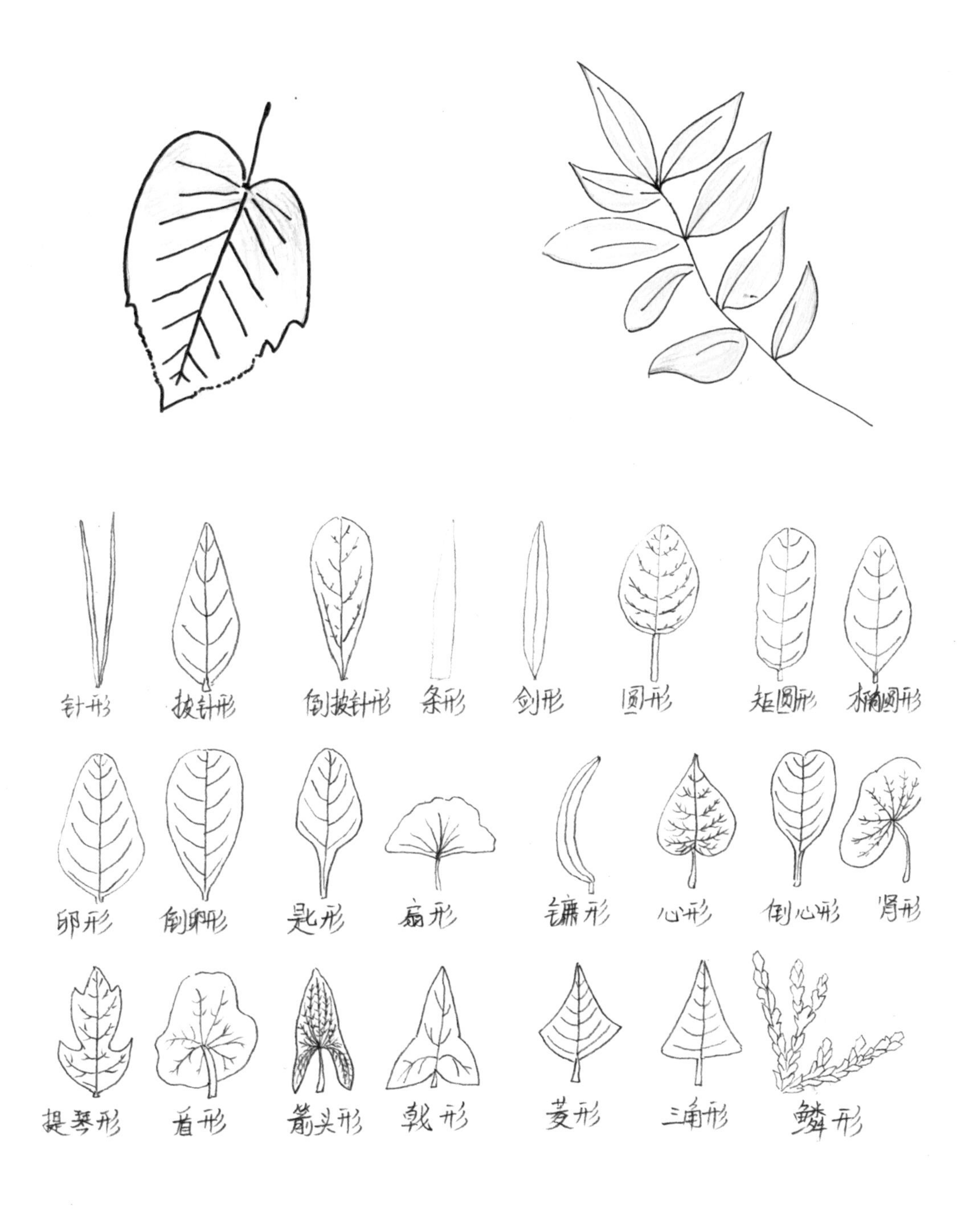

看起来叶子的形状有好多呀！是不是和我们人脸一样复杂多变？大多数叶子我们很好区分，有少数长得很相似难以区别，这没关系，如果你喜欢哪种植物或想研究哪种植物认真观察自然就记住它了。

在叶片上，有时我们可以看到清晰的叶脉，有些植物的叶脉则不太容易看清。

各种各样的叶脉

植物通过它的根在土壤里吸收水分和养料，然后传送到身体的各个部分。为了传送这些养料，像动物有血管一样，植物的身体里也长出了许多很细的管子，从它的根部末端开始，经过它的茎到叶子位置。

这些细小的管子埋藏在茎里面，平时是看不见的，但到了叶子里面就变成了更细更小分叉的管子，它们就是叶脉，我们从外面就能见到；另外叶脉还起着支撑叶子的作用，能够增加光合作用的面积。

羽状网脉　叶片中央具有一条明显主脉，主脉向两侧分出羽状侧脉，排列似羽毛，如板栗、毛白杨等。

掌状网脉　几条近于等粗的叶脉自叶柄顶部发出，叶脉数回分支，排列似掌骨，如南瓜、蓖麻等。

三出脉　主脉两侧仅产生一对侧脉，如樟树，可分基生三出脉和离基三出脉。

直出平行脉　叶主、侧脉均从叶基发出，直达叶尖汇合，如玉米。

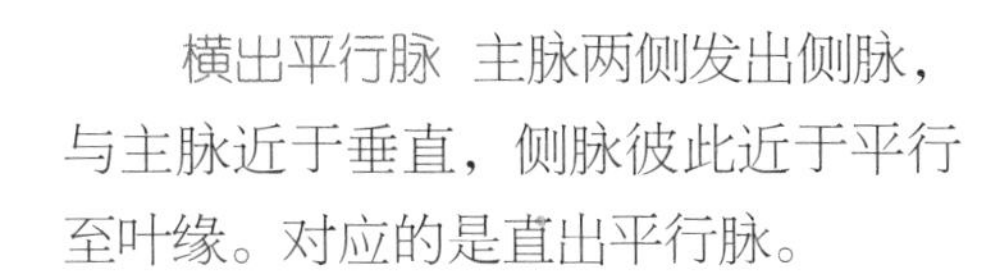

横出平行脉　主脉两侧发出侧脉，与主脉近于垂直，侧脉彼此近于平行至叶缘。对应的是直出平行脉。

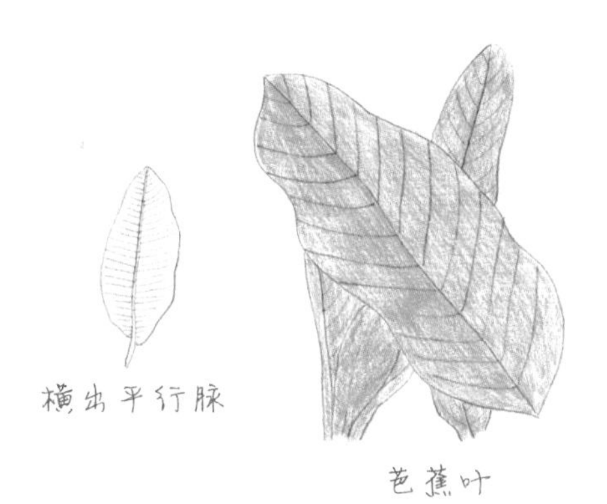

弧形脉　主、侧脉从叶基呈明显弧状发出，至叶尖汇合，如薯蓣、车前。

射出脉　主、侧脉从叶基辐射状发出。

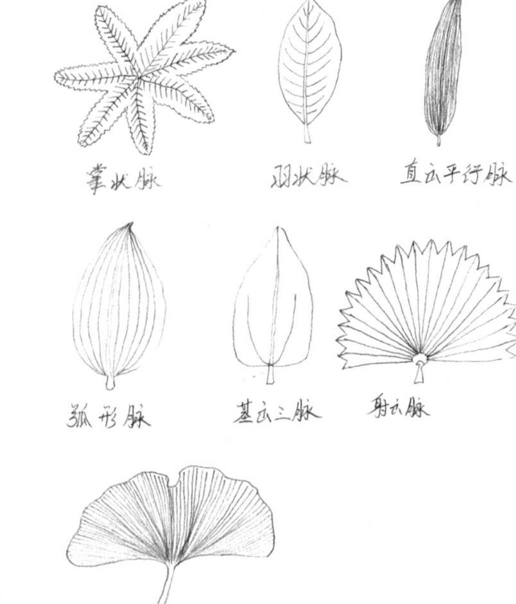

有些植物的叶在适应环境的过程中改变了结构，具有了新的功能。比如为了适应干旱的环境，仙人掌的叶变成了刺，减少水分的蒸发；食虫植物的叶能捕食小虫，这些变态的叶有的呈瓶状，如猪笼草；有的呈囊状，如狸藻；有的呈盘状，如茅膏菜。

豌豆的复叶顶端几片小叶变为卷须，攀缘在其他物体上，补偿了茎秆细弱、支持力不足的弱点。

也有的叶会变成肉质，贮藏营养物质，如洋葱的鳞叶，是食用的部分。

❹ 花的观察

我们这里所说的“花”是植物体的一个组成部分，而不是指一株完整的观赏植物。

花是被子植物繁衍后代的生殖器官。典型的花，生有花萼、花冠、雄蕊与雌蕊。

有些植物的花包括花柄、花托、花萼、花冠、雄蕊、雌蕊等部分，有些花则缺少其中的一部分或几部分。在一朵花中，花萼、花冠、雄蕊、雌蕊四部分俱全的，叫完全花，这四部分中缺少一部分或几部分的花叫不完全花。雌蕊位于一朵花正中心，这里是孕育种子的地方。

花冠就是我们通常指的五彩缤纷的花朵，因为排列成一圈或多圈，形状像皇冠一样，所以叫花冠。

花冠很娇嫩，比萼片薄。花瓣的鲜艳色彩和它细胞中含有的物质有关。橙、黄、橙红色花瓣的细胞里含有色体，而红、蓝、紫色花瓣的细胞里含有花青素。二者的结合让花色彩缤纷，二者都不存在时花瓣就是白色了。

花朵无论是鲜艳的颜色还是散发的气味都是用来引诱昆虫的，帮助它们完成传粉的过程。有近80%的花朵并不香，甚至还会有臭臭的味道。在气味香浓的花朵中，白色花朵占到的比例是最大的，其次是红色的花朵，所占比例最少的则是橙色。你可千万别小看了它们自身的香臭气味，这些可都是它们得以吸引昆虫前来传粉的秘诀！

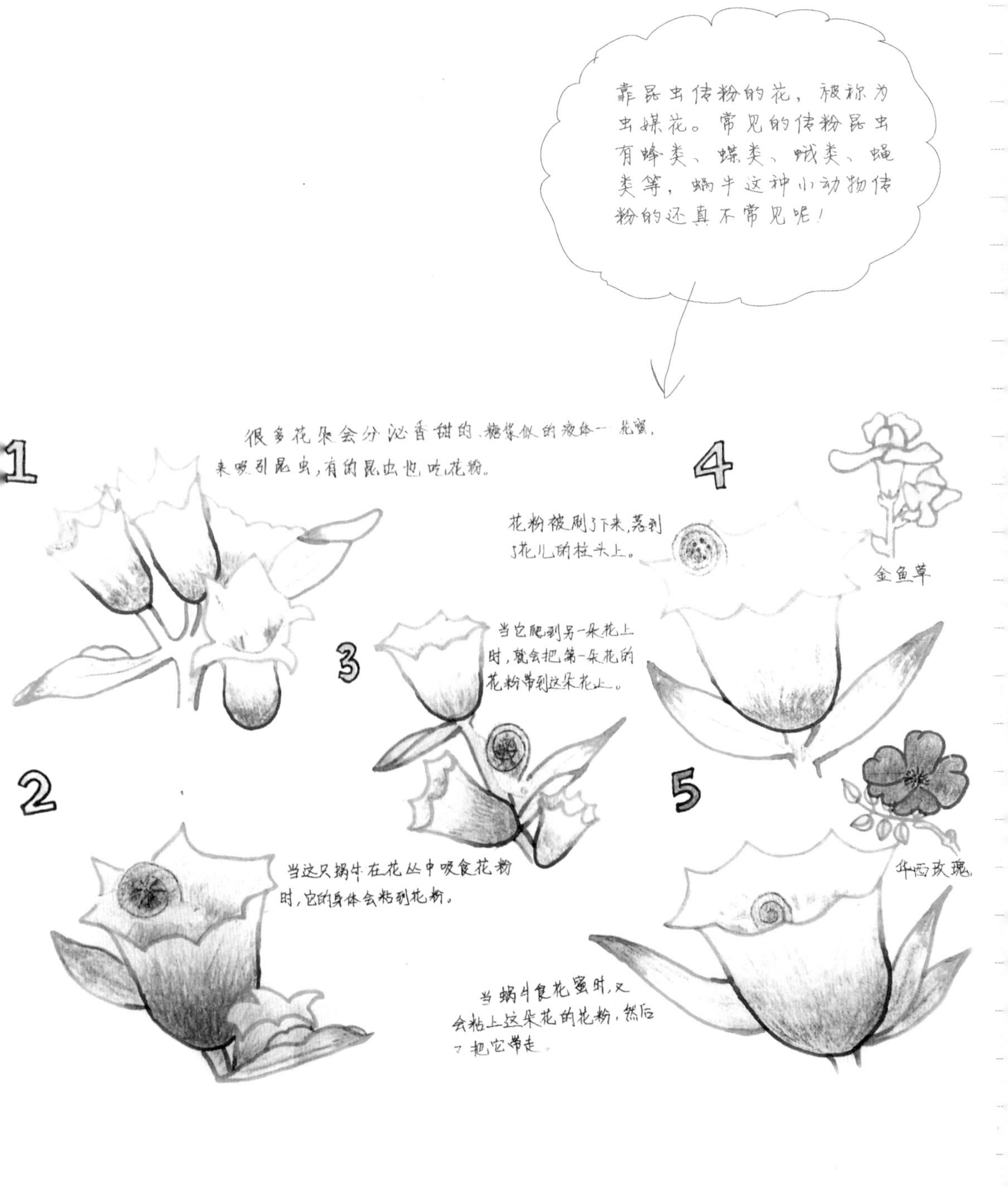

靠昆虫传粉的花，被称为虫媒花。常见的传粉昆虫有蜂类、蝶类、蛾类、蝇类等，蜗牛这种小动物传粉的还真不常见呢！
1
很多花朵会分泌香甜的、糖浆似的液体——花蜜，来吸引昆虫，有的昆虫也吃花粉。
2
当这只蜗牛在花丛中吸食花粉时，它的身体会粘到花粉。
3
当它爬到另一朵花上时，就会把第一朵花的花粉带到这朵花上。
4
花粉被刷了下来，落到了花儿的柱头上。
金鱼草
5
华西玫瑰
当蜗牛食花蜜时，又会粘上这朵花的花粉，然后又把它带走。

观察植物不一定在户外，

很多人的家里面也种植，

观察家庭喜欢种植的植物，

从身边观察自然，

发现美。

第三部分

居室内植物的观察

❶ 吊兰

观察植物不一定在户外，很多人的家里面也种植，吊兰就是很多家庭喜欢种植的植物。

吊兰是相当常见的垂挂式观叶植物，原产于南非。吊兰的叶片又细又长，从花盆的边缘向外下垂，随风飘动，看起来就像展翅高飞的仙鹤，所以古代人叫吊兰为“折鹤兰”。吊兰摆在家里还有净化空气的作用。

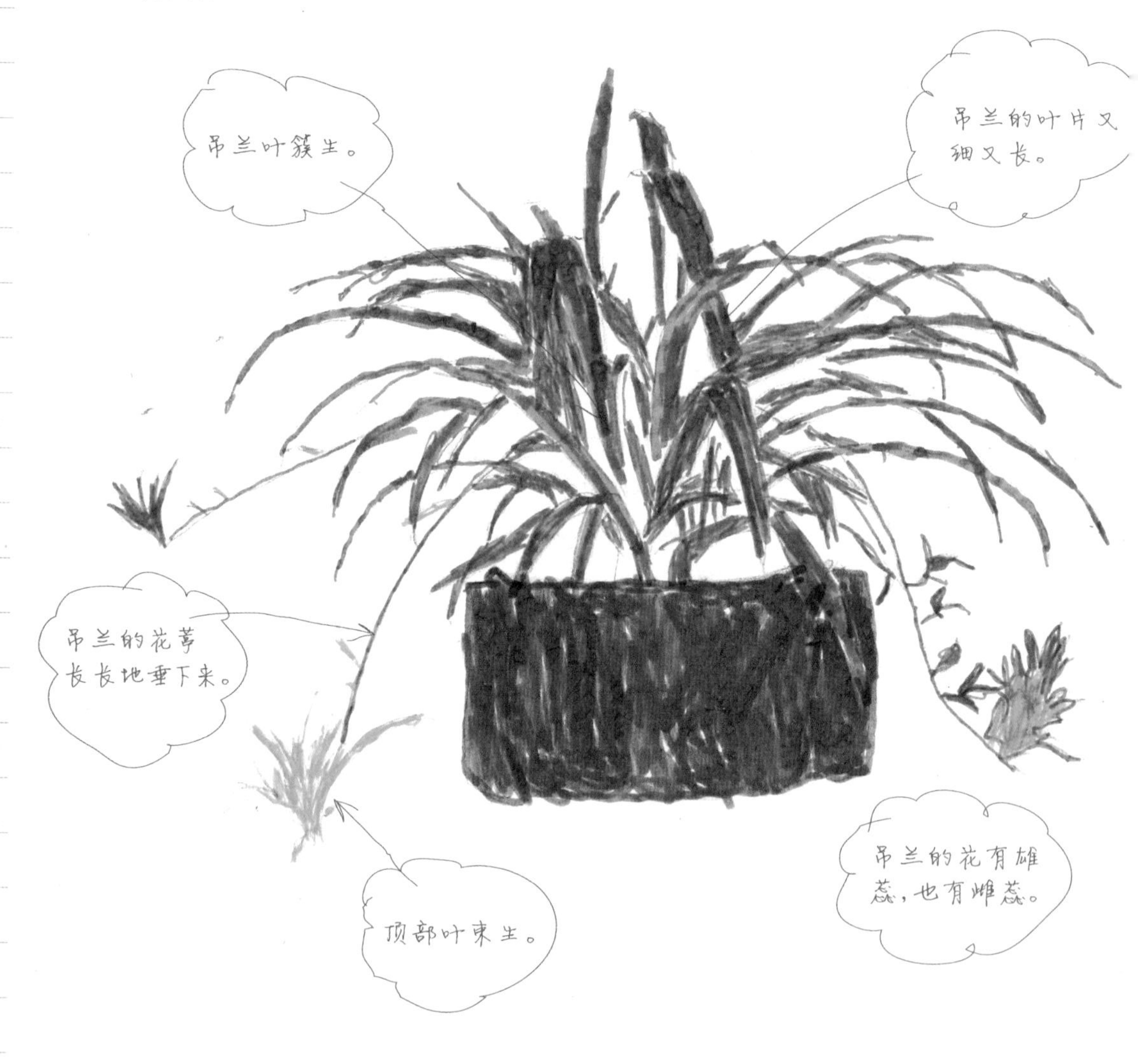

吊兰的果实三角状扁球形。
花瓣脱落后，可以清楚地看到吊兰花朵的雄蕊。
吊兰的花常2~4朵簇生。

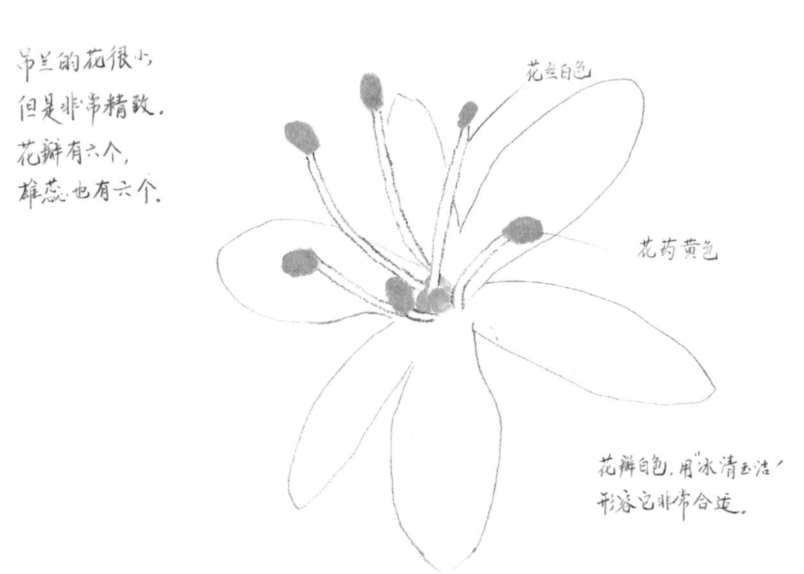
吊兰的花很小，但是非常精致。花瓣有六个，雄蕊也有六个。
花丝白色
花药黄色
花瓣白色，用"冰清玉洁"形容它非常合适。

❷ 水仙和风信子

在朋友的家中，我看到写字台上摆放着一只精致的花盆，里面的清水中，泡着一种像大蒜一样的植物。不过“大蒜”的上面长着翠绿的叶子，还开着洁白如玉的美丽的花朵。

朋友告诉我，这是水仙。我在别人家里也见过水仙。我对着这盆水仙仔细端详起来。

回家我查了资料才知道，水仙也叫中国水仙，是石蒜科多年生草本植物。刚买来的乍一看还真像是一头蒜呢！把水仙放入盘中，加入适量的水，不久就会开出洁白花朵，开花的水仙端庄清秀，仿若水中的仙女一样，怪不得叫它水仙呢。和它相似的植物是风信子，未开花时也形如大蒜，但它是原产地在欧洲，所以它的别称叫洋水仙、西洋水仙，又因为它的花色很丰富，也叫五色水仙、时样锦。

风信子开花了，又多又漂亮。每年快过年的时候，很多人会买回风信子的鳞茎泡在水里养殖，当花开的时候能够闻见满屋的花香，你可能不知道，它是研究发现的会开花的植物中最香的一个品种呢！

蓝色的风信子花

风信子很容易养植，它喜欢晒太阳，还不怎么怕冷，再加上花的芬芳，大家都可以试着来养它。但如果要水养，一定要注意水位离球茎的底盘要有 1~2cm 的空间，这样它的根系可以透气呼吸，千万不要水漫过球茎底部。还有一个重要的秘密，风信子的球茎不能吃，不小心误食了，就会头晕、胃痛、拉肚子。

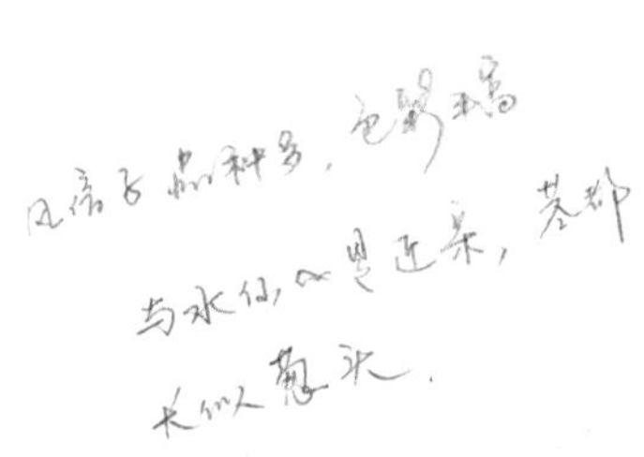

红色的风信子花

为什么叫风信子呢？这里面还有一个关于友情、嫉妒的美丽传说。希腊神话中太阳神阿波罗有一个好朋友，他的名字就叫“风信子”（是他的名字的中文音译）。他们的友情遭到了另一个西风风神的嫉妒，这位风神暗地在两位好朋友间使坏，让“风信子”在阿波罗掷铁饼时误伤而死。“风信子”的血滴在了草丛中，开出了一朵美丽的花，因此阿波罗用这位好朋友的名字命名了这种花。

❸ 仙人掌

仙人掌为什么不怕干旱

仙人掌这种植物我们很容易记住它，它和一般花草区别太大了。很少看见它开花，身上还长满了刺，一副不好惹的样子。“叶子”看起来肥肥的，后来才知道那根本不是它的叶子，原来沙漠中严峻的环境会使它的叶子产生变态，叶子都变成刺状来减少自己体内水分的散失。我们看到的“叶子”其实是茎变态发育来的。仙人掌那厚实的茎，茎秆上有一层蜡质的外皮，这层外皮也能阻止茎储存的水分蒸发出去。仙人掌真是节能高手呀！仙人掌的花朵大而艳丽，颜色各异，非常漂亮。

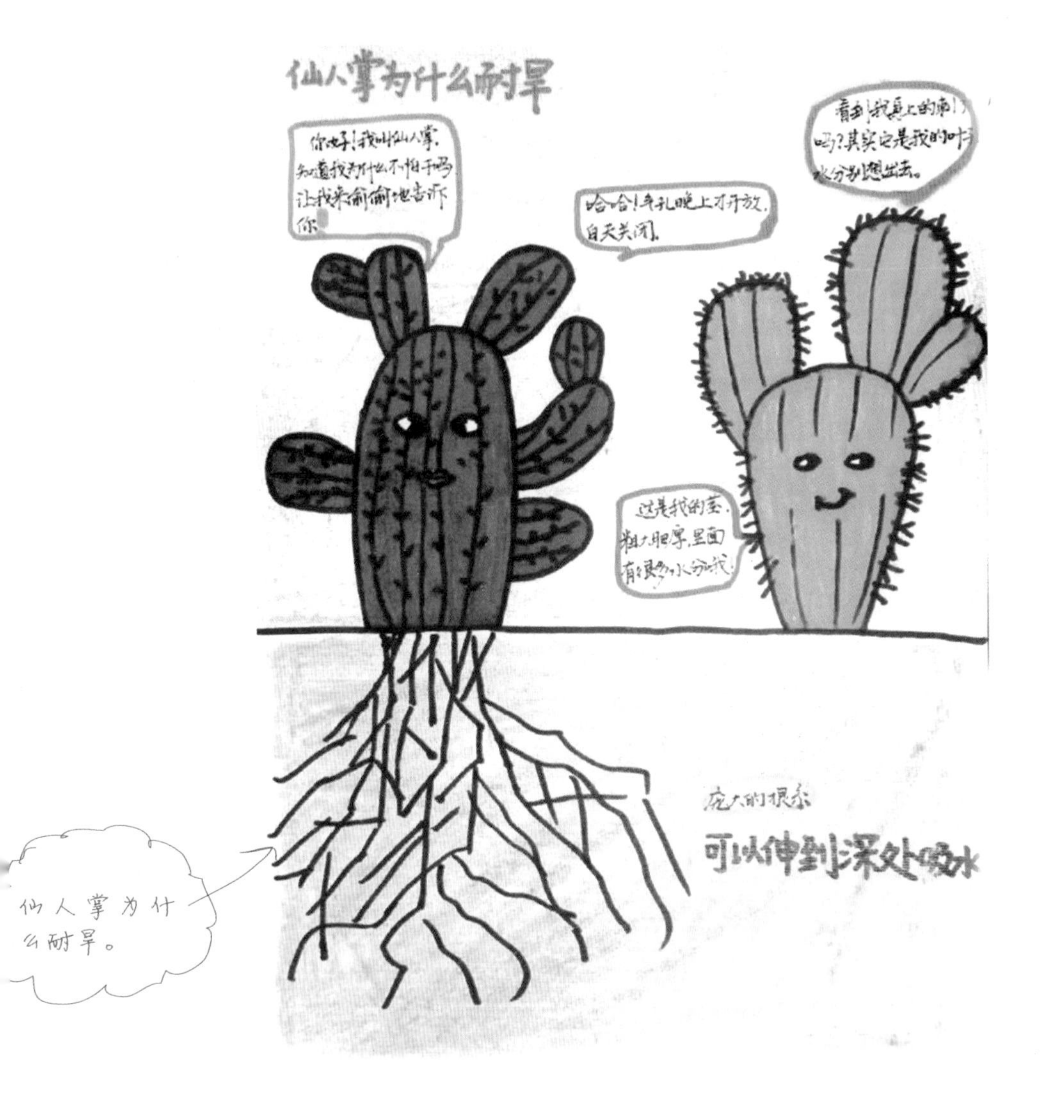

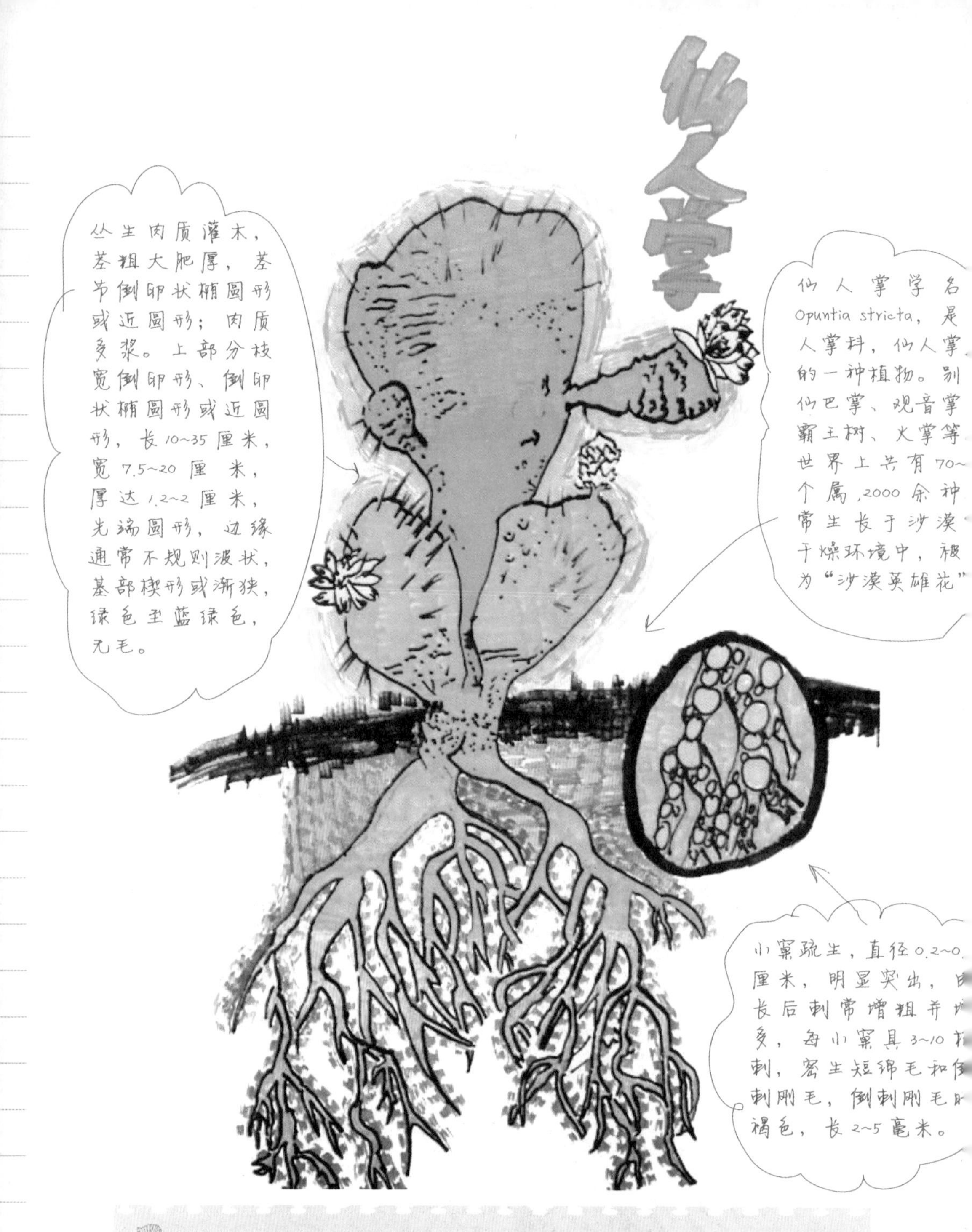

小知识

仙人掌是仙人掌属的一种植物。别名仙巴掌、观音掌、霸王、火掌等，为仙人掌科植物。仙人掌喜强烈光照，耐炎热、干旱，生命力顽强，生长适温为20~30摄氏度。仙人掌的种类繁多，世界上共有70~110个属，2000余种，它常生长于沙漠等干燥环境中，被称为“沙漠英雄花”，为多肉植物的一类。

妈妈养过一盆仙人掌，她说这是最好养的花。我问为什么？她说仙人掌是懒人花，不用常常浇水它也安然无恙。想想也是呀，常生长于沙漠等干燥环境中，被称为“沙漠英雄花”的它，在我们这样舒适的环境中，即便不经常浇水，对它来说也比沙漠中极端干旱的环境要好上百倍了。

在它的老家沙漠里，干旱季节，仙人掌基本上“不吃不喝”，处于休眠状态，以降低水分和养料的消耗。雨季一旦到来，它们迅速“苏醒”，大量吸收水分，快速生长并开花结果。所以，当我们把它请回我们的家时，一定要尊重它喜欢阳光、不爱喝水的习惯，不然我们的爱会害了它，要不了多久它就会难过郁闷，离我们而去。

为什么我们会千里迢迢把它请回家？像仙人掌这种友好的植物，它能够释放大量的氧气，吸收房屋装修时产生的甲醛气体，起到净化空气的作用，这对于人体可是十分有益的！

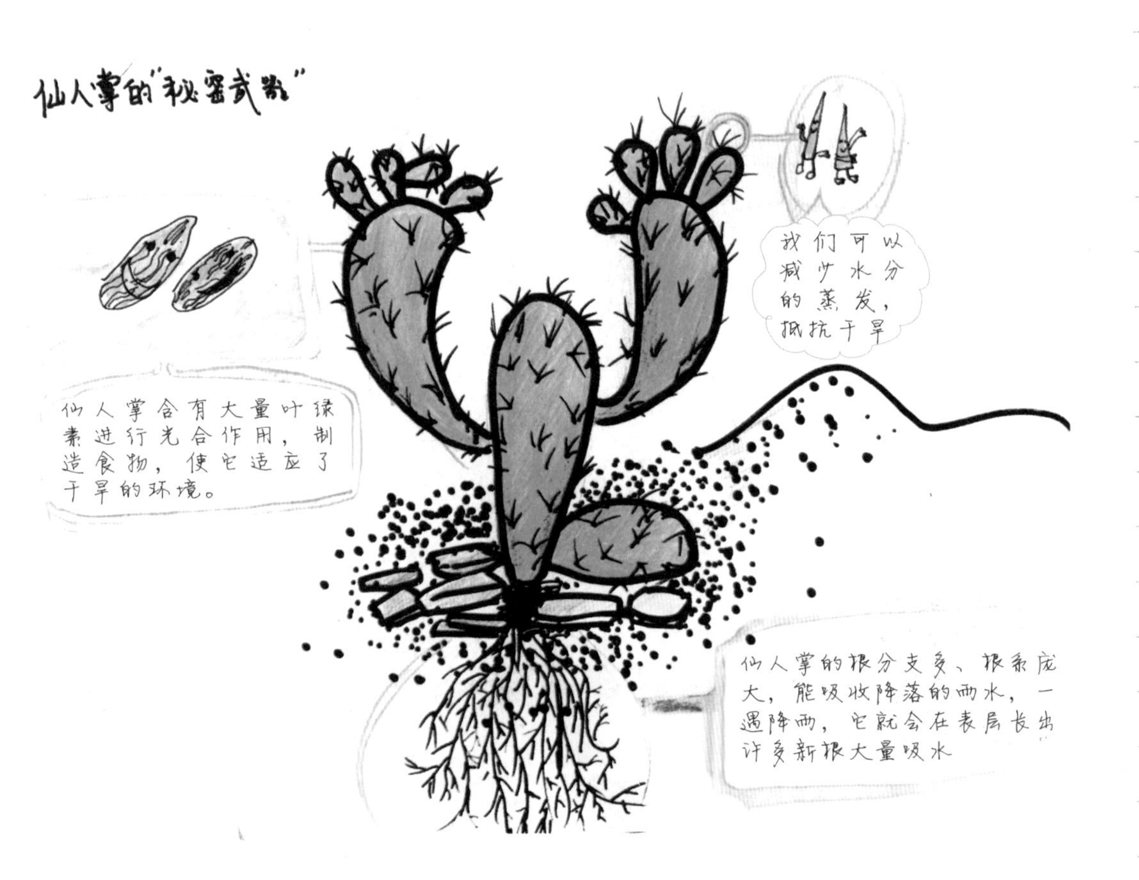

❹ 棕榈和苏铁

在南方，经常会见到街道上种植着棕榈和苏铁。这是两种差异很大的植物，可是我发现有些人总将它们相混淆。喜欢绘画的我要将它们的形态特征用画笔记录下来，告诉人们两种植物的不同。

这是我用画笔记录的苏铁和棕榈，是不是一眼就能看出它们不同？

苏铁也叫铁树，记得有一句歌词是“千年的铁树开了花”，说明苏铁开花是很难的。不过，苏铁的花并不漂亮，我觉得它的样子有些像大菠萝。铁树的花都是在叶丛中间开放的。苏铁的叶子是单叶，像羽毛一样，科学上把这种叶叫作“羽状单叶”。

棕榈的叶片就像济公用的破蒲扇，也就是说，它好像是圆形的蒲扇有很深的裂纹和缺口，这也和苏铁有明显的不同。棕榈的花像稻穗一样下垂，它和苏铁的区别就更大了。

想了解有关热带雨林的更多知识，可以扫描二维码，一起快乐学习吧

在热带，还有种植物和苏铁、棕榈有些相似，那就是椰子树。椰子树的叶子是羽状的，有些像苏铁，而树干有些像长斜了的棕榈。

椰子树的倾斜方向总是向着大海，这样便于椰子成熟后落到水中，好帮它传播种子。

走向自然，

走向绿色的田野，

享受它独特的风采。

欣赏小草的翠绿，

果蔬的芬芳。

第四部分

郊野、公园植物的观察

❶ 迎春和连翘

春天，公园里的草坪上开了一树黄花，金灿灿的十分耀眼。我对老爸说："快看，迎春花开得多好！"

大家都说是迎春，为什么爸爸说是连翘？态度极为恶劣！！！

连翘的叶子

连翘的叶子

在连翘花还没开败的时候，它的叶子就长出来了。叶片上可以看到叶脉，叶子的边缘有很小的齿，也有些叶片上没有齿。

连翘结果了，以前从来没注意过，看来认真观察非常重要！

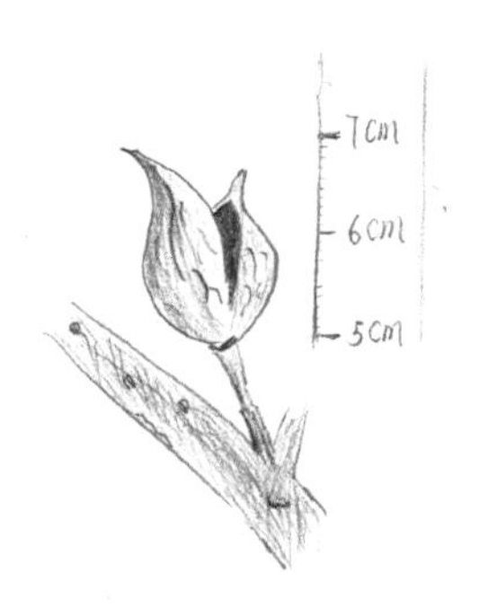

2014年七月，多云

我认识连翘了，我很开心！

连翘花瓣有四个像个十字。

连翘很多枝条向上生长

连翘枝条很多，花也很多，但是排列有序，并不显得杂乱。

一些细枝条会下垂。

侧面看连翘花

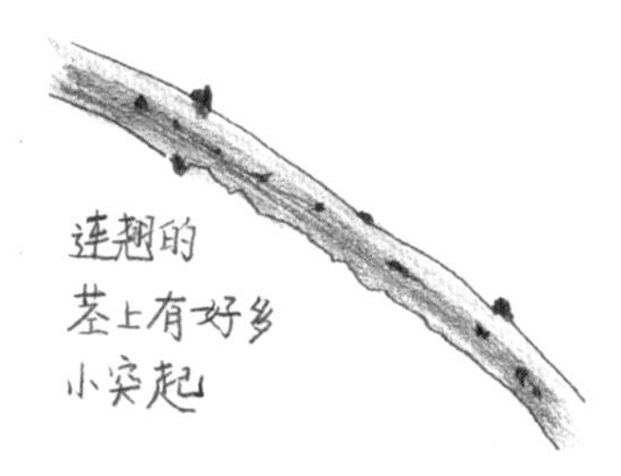

连翘的茎上有好多小突起

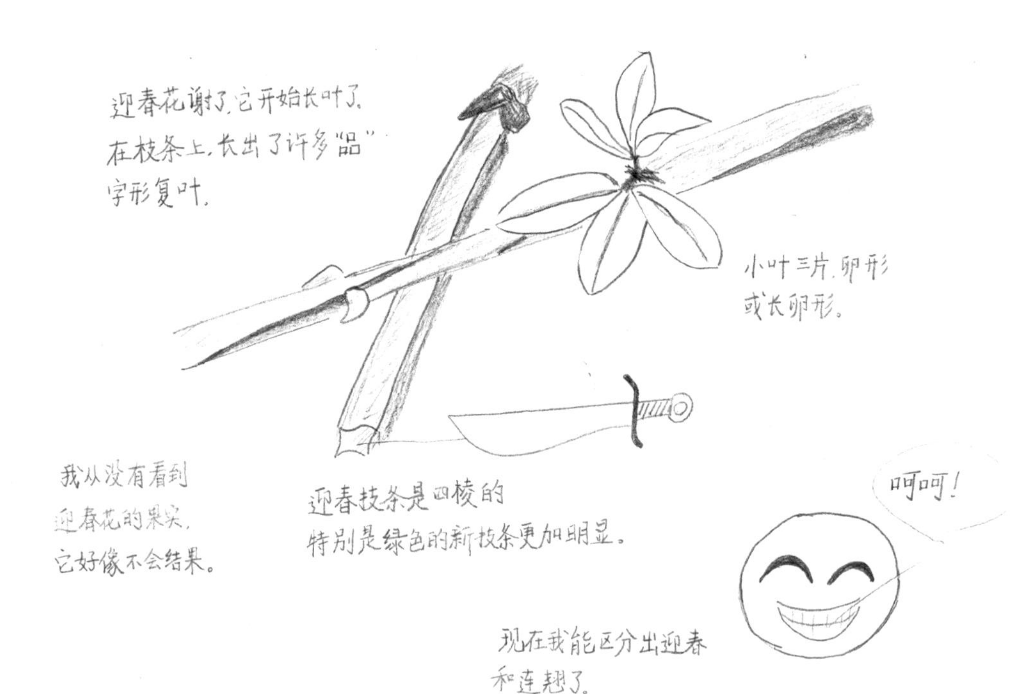
迎春花谢了，它开始长叶了，
在枝条上，长出了许多"品"
字形复叶。
小叶三片，卵形
或长卵形。
我从没有看到
迎春花的果实，
它好像不会结果。
迎春枝条是四棱的
特别是绿色的新枝条更加明显。
呵呵！
现在我能区分出迎春
和连翘了。

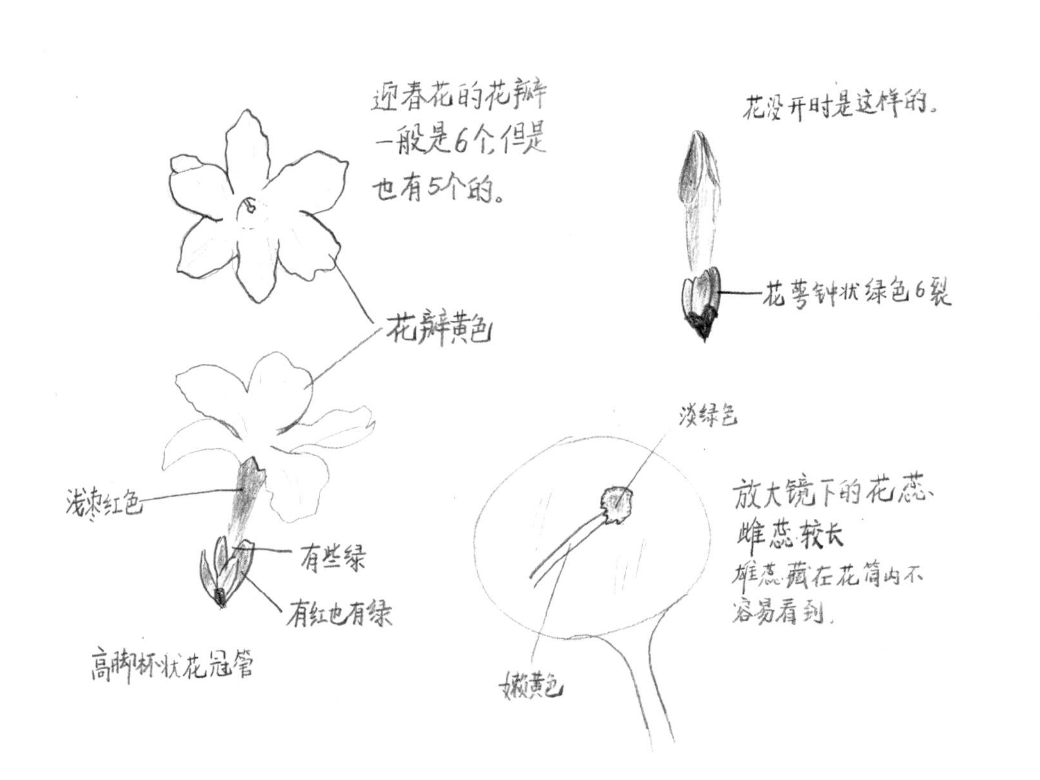
迎春花的花瓣
一般是6个但是
也有5个的。
花没开时是这样的。
花萼钟状绿色6裂
花瓣黄色
淡绿色
浅枣红色
放大镜下的花蕊、
雌蕊较长
雄蕊藏在花筒内不
容易看到。
有些绿
有红也有绿
高脚杯状花冠管
嫩黄色

二月迎春花盛柳，清香满串荡悠悠。
经年弄巧篱笆网，疑虑黄金甲未收。
（《七绝》）

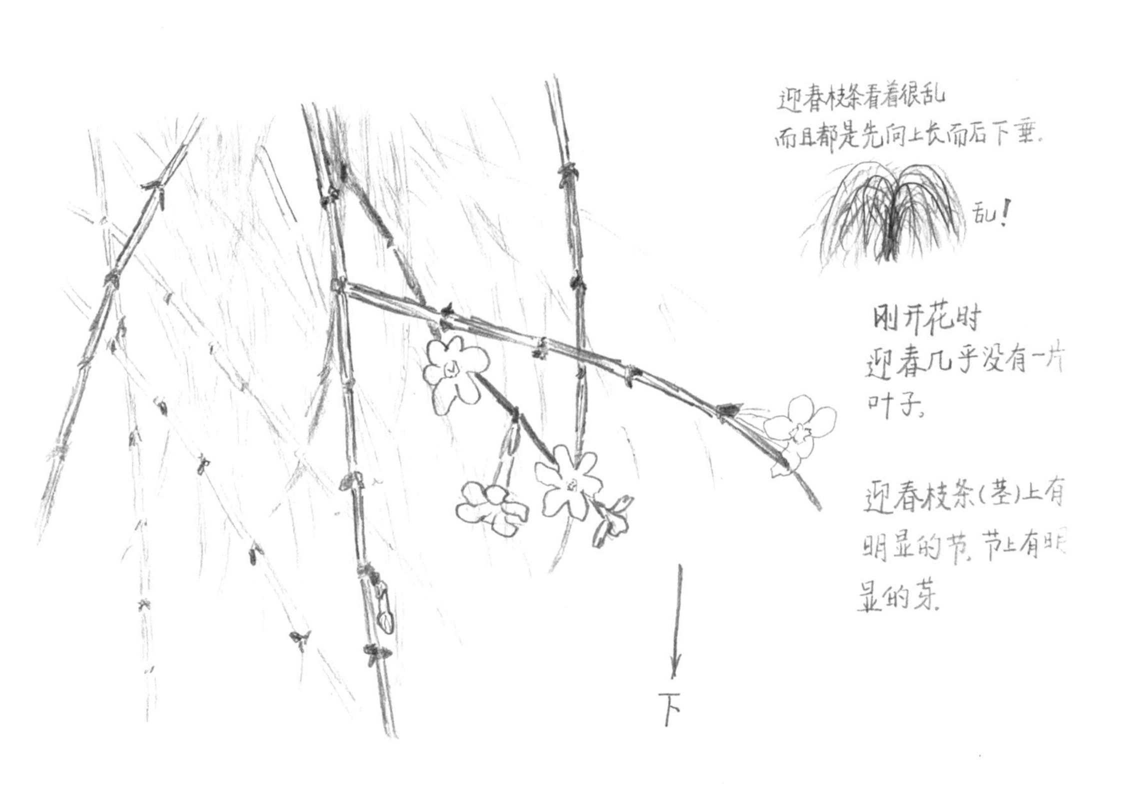

❷ 牡丹和芍药

春天的公园是个百花园，在公园甬路两侧开着一簇簇鲜艳的花朵，你看，这是牡丹花，被称为“花中之王”，是我国名贵的木本花卉。但是有一种花和牡丹有些像，叫作芍药。怎样区分它们呢？

我还发现，牡丹的叶片头部常常会分裂开，3裂至叶子的中部。或者是2-3浅裂。是不是有点像二郎神的三尖两刃刀？

你看，牡丹花的花型大而繁复，香气逼人，而且都是独朵顶生的。

它有什么特点呢？

花茎在20厘米左右。

小知识

牡丹花，在暮春三月开花，姿态典雅，颜色鲜艳，香气逼人，兼有色、香、韵之美，号称“国色天香”。牡丹喜欢温暖、干燥、凉爽且光照充足的环境。可以耐受零下30摄氏度的低温。

芍药被称为“花仙”和“花相”，是中国传统的“六大名花”之一。芍药的花、茎、叶都和牡丹花有很大的区别。

芍药的茎是草质的，它是草本花卉，落叶后地上部分就枯死了。所以芍药被称为“没骨花”。你可以亲自用手摸一摸。

小知识

芍药花在中国已经有4900年历史。可分为草芍药、美丽芍药、多花芍药。通常每年的五六月份开花，被称为“五月花神”。芍药还是一种药材，它的根部就是中药里的“白芍”。芍药的种子可以榨油、做肥皂或者掺和油漆做涂料。

❸ 月季和玫瑰

赠人“月季”手有余香

教师节到了，我买了一束“玫瑰”花送给各科老师。当我把一支支“玫瑰”花递到老师手中的时候，他们都很高兴。可是当我把花送到科学老师手中的时候，她却说：“谢谢，好漂亮的月季花！”我非常奇怪，为什么她把“玫瑰”说成“月季”呢？

老师看透了我的心思，告诉我很多人把月季当玫瑰卖，不过她并不在意到底是玫瑰是月季，在意的是我的这番心意。

一支没有开放的月季

月季

月季花

我了解清楚玫瑰和月季的区别，我来到植物园进行观察。原以为漂亮的是玫瑰，没想到很多月季比玫瑰要漂亮得多。

月季的品种多，有些和玫瑰真的很像，单看花很难区分。不过我发现，看它们的叶和茎上的刺就好区分多了。

玫瑰的刺多而细密，多为直刺；月季的刺少，多为短粗的钩状刺。

玫瑰花的叶子小而厚，由 7~9 片小叶组成羽状复叶；月季花的叶子大且平，由 3~5 片小叶组成羽状复叶。

❹ 非洲菊、大丽菊和万寿菊

秋天到了，路边的花坛中盛开着很多菊科的植物，它们让北京的秋天异常美丽。

我喜欢菊花，家里也种了一些。这是我对非洲菊生长过程的观察记录。

其实菊科植物很多，开花好看的也很多。这是同学们记录的几种菊花。再看到它们时，你能把它们分辨出来吗？

❺ 虞美人和罂粟

在公园里，一丛鲜艳的花朵吸引着游人的目光。它们是那么娇艳，虽然看似简单，线条却非常优美。这是什么花呢？几个人在小声议论。“这不会是罂粟吧！”一个人小声说。“怎么可能，那是违法的。”另一个反驳。我也在思考这个问题，它和我看到的罂粟花的图片还真有些像呢！

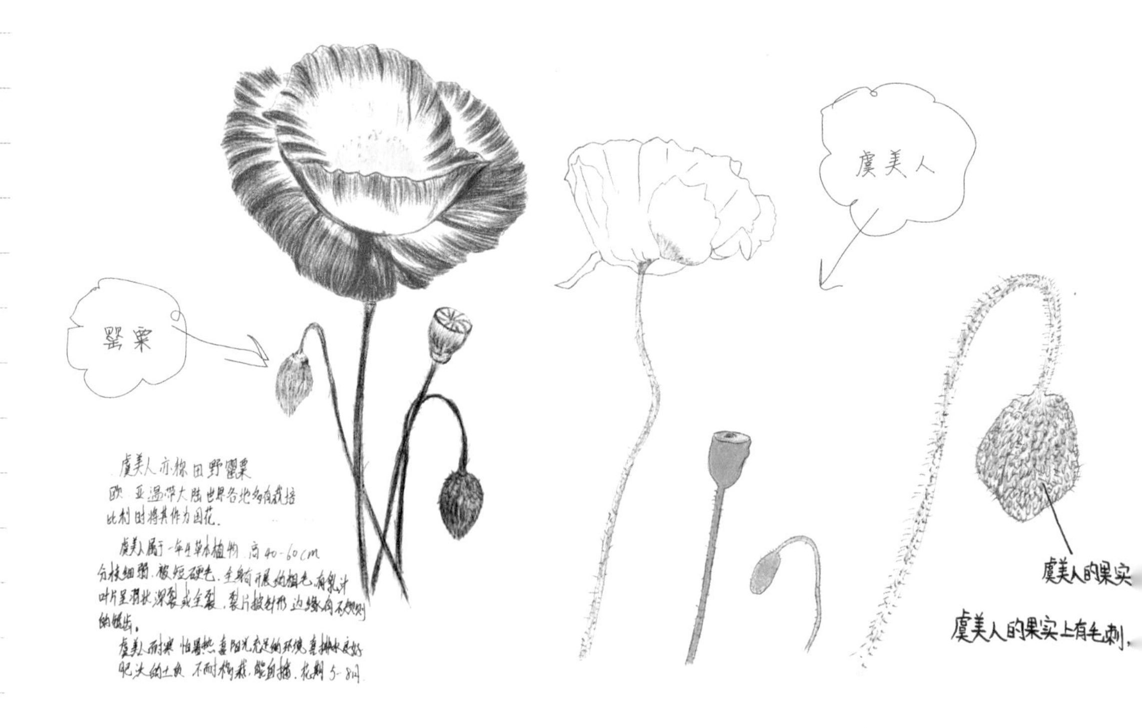

我找来找去，终于在花下的草丛中找到了标签，原来它就是传说中的“虞美人”。

虞美人和罂粟有哪些区别呢？

从整体上看：虞美人整个叶茎上都有那种绒绒的刚毛，而罂粟花的叶茎很少有刚毛，整体上比较滑腻。

从植株高度上看：虞美人的个头不会超过1米，整株比较细弱。罂粟花比虞美人略高，个头高的会到1.5米，还比较壮实。

从花瓣上看：虞美人的花瓣多是4片的，而且颜色各异，有红有紫，也有白色的，而且花的边缘比较平滑不开裂；罂粟花有重瓣（多层花瓣）的，颜色以红色为主，花的边缘会开裂。

从叶上看：虞美人的叶子会有分裂，而且整个的叶面是窄的；罂粟花叶子是不规则的，而且叶边呈锯齿状，不分裂。

从茎上看：虞美人的茎比较细，以青绿为主，周围有绒毛，而且梢头

会有所弯曲；罂粟花的茎比虞美人的茎要略粗，也有粉绿的，无毛且光滑。

从果实上看：虞美人的果实比较小，也就只有一个大拇指盖那么大，而且上面有绒毛，果实下垂；罂粟花的果实却比较长，它的长度差不多有成人的手指那么长，果实外表比较光滑，果实直立。

总结完我发现，它俩相比虞美人就像个小姑娘，处处细腻柔弱，罂粟更像一个小伙子，强壮有力。但是我们都知道，罂粟是毒品的重要原料。罂粟这一美丽的植物又被称为恶之花。

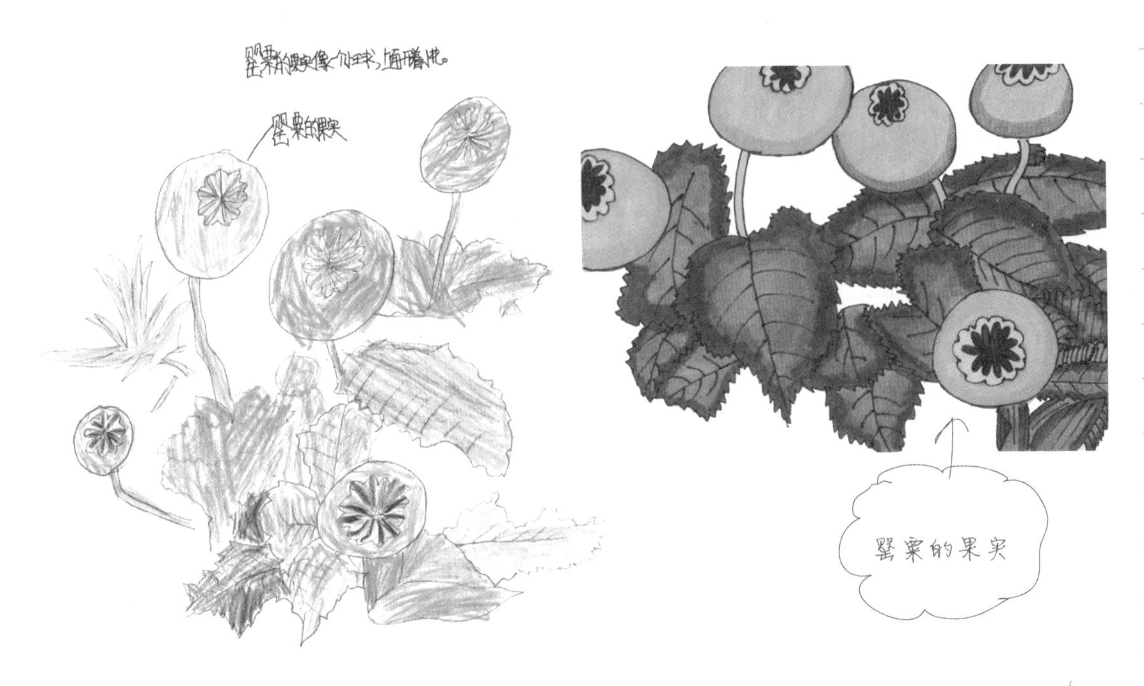

❻ 桃花、梅花和梨花

春天的公园是最美的，各种鲜花像约好了似的争相开放，给人们带来了美的享受，却常给我带来困扰——很多花在我看来长得都一样，怎样区分它们呢?

这是常见的桃花。

去年今日此门中，人面桃花相映红。
人面不知何处去，桃花依旧笑春风。
（崔护《题城南庄》）

重瓣

树皮暗灰色

花单生有短柄

想了解有关花朵的更多知识，可以扫描二维码，一起快乐学习吧

下面是两位同学记录下来的梨花。

两个同学记录的梨花虽然看起来不完全一样，也具有相同之处。

第一，梨花是雪白的。桃花和梅花虽然也有白色的，但是还有很多其他的颜色。梨花只有白色的。

第二，梨树的树皮很粗糙，特别是老梨树。

第三，梨花的花梗很长。

第四，梨花经常是几朵挤在一起长的。

这三种花由于都是蔷薇科的，所以长得有些像。不过既然是不同的植物，还有很多自身特点的。只要我们学会观察的方法，就能够把他们识别出来。

树皮粗糙
梨花
花色洁白
花梗长
梨花

❼ 毛白杨

在我国北方的很多地方，都可以见到高大的杨树。在北京，很多地方种了一种到了春天就飞毛毛的杨树，叫作毛白杨。这是我观察到的毛白杨的叶和花。

杨树叶呈阔卵形或三角状卵形，先端短渐尖，边缘有很明显的齿。

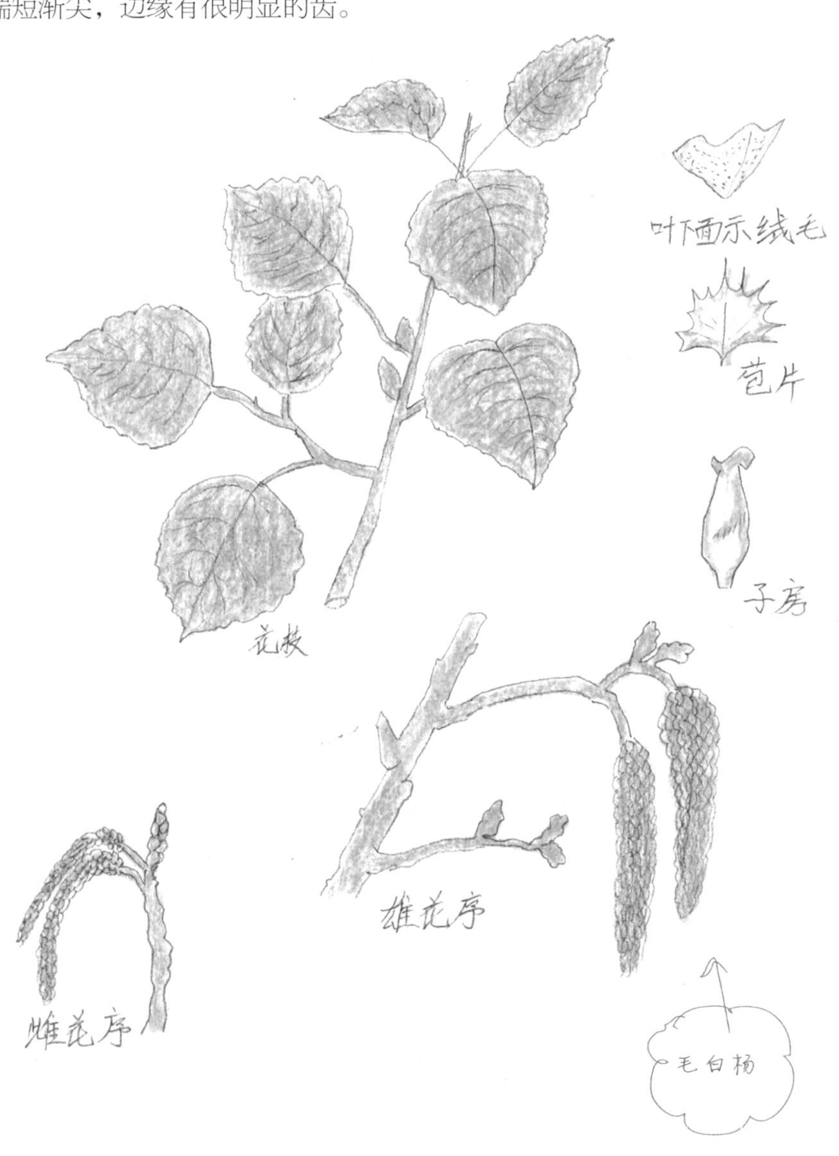

杨树的种类很多，如果只看叶和花很难区分。不过毛白杨有一个非常突出的特点，就是树干上长了很多只“眼睛”。（是不是看起来很神奇！）

这些长得很像“眼睛”一样的图案，其实都是枝条脱落后的疤痕，叫皮孔，这也是毛白的一大特点。

❽ 大叶黄杨和小叶黄杨

公园和小区的道路两侧栽种着很多修剪成球状的植物，它们的名字非常接近：一种叫大叶黄杨，一种叫小叶黄杨。有人说它们很像，其实区别还是很大的。你能观察出来吗?

大叶黄杨和小叶黄杨单看叶就很好区分了。小叶黄杨的叶片比较小，叶片的顶端圆甚至会有凹陷，最关键的是叶片的边缘没有齿。大叶黄杨的叶片较大，边缘有齿，这是它们叶片的最大区别之一。

小知识

小叶黄杨是一种常绿的灌木，4 到 5 月份会开黄绿色的花。小叶黄杨做成木材坚实致密，可以用于雕刻、做木梳子、制作乐器等等。它还能吸收二氧化硫等有毒有害气体，净化空气，特别适合在车流量大的公路旁栽种。

大叶黄杨也是一种常绿的灌木，3 到 4 月份会开花，6 到 7 月还会结果。大叶黄杨作为木材，质地坚硬，不易断裂，色泽洁白，可以用来制作筷子、棋子。

⑨ 油松、白皮松和华山松

经常去爬山，看到过许多松树，老师让画植物，我信手拈来就画了一棵。怎么样？漂亮吧！

评选结果下来了，我竟然落选了！看着那些绘画水平远不如我的同学被选上了，我真不服气！走，找老师理论去！

老师的评价让我冷水泼头，他的理由特别充分：我画的根本就不是松树。虽然我经常去植物园，但是更多的是关注奇花异草，从来没关注过松树。这回我要好好看一看！

植物园里的松树很多，的确和我画的不一样，不能怪老师，只能怪我自己没注意观察。这回我接受教训了，把看到的松树原原本本地记录了下来，你一定能看得出，它们是不同品种的松树。

每一种松树都有不同的特点，在我看来白皮松与华山松比是个矮胖子，高30米，胸径可达3米，敦实屹立；华山松瘦高，高35米，胸径才1米，随风摇曳。

或许这样还不够直观，我发现了一个窍门，数一数松树上一簇叶子的数量，就能区分出这几种松树了。

油松的针叶2针一束，长约10~15厘米；白皮松的针叶3针一束，长约5~7厘米；华山松的针叶5针一束，也有少数6~7针一束，长约8~15厘米。

虽然目前我只能看出这些区别，但是我相信，随着我经验的积累，一定能够观察出它们更多的不同。

⑩ 植物中的“活化石”

在北京的公园里、街道上、古刹中，很多地方可以见到一种叶子像小扇子一样的树木。它叫银杏，是世界上最古老的树种之一，被称为植物中的“活化石”。银杏树又名白果、公孙树，是一种古老的裸子植物。

人们对银杏的叶子已经非常熟悉了，但是对它的种子大多有误解。在左边的图中，银杏枝头上挂的被称为“白果”的东西不是果实，而是种子！简单地说银杏是由胚珠直接发育而成的，因此白果是种子，果实应该是子房发育成的。不要看见它外面有层厚皮就以为它是果实。那厚厚的皮是白果的种皮。

一到秋天，银杏树黄灿灿的一片，在树群中格外的美丽。

银杏树长得很缓慢，寿命很长很长，从栽种到结银杏果要二十多年，因此又有人把它称作“公孙树”，意思就是爷爷辈种下去的，要到孙子辈才能结果。等它的果实真是漫长呀！

银杏

⑪ 香椿和臭椿

来盘“香椿摊鸡蛋”，这是一道非常美味的菜肴。在每年的春天，很多人都喜欢吃香椿的嫩芽。确实，香椿在春天时刚钻出的嫩芽是非常鲜美的。它不仅营养丰富，还有有食疗作用，可以缓解感冒、风湿、胃痛、痢疾等病痛的症状。可是，和它仅有一字之差的臭椿树的叶子和嫩芽是不能吃的。怎样区分这两种植物呢？看看我的观察结果吧。

两种植物挺像的，不过看一看叶子就能很轻松地把它们区分开了。

虽然臭椿树的叶子和嫩芽不能吃，但它的根皮和茎作药用，有燥湿清热、消炎止血的效用。

不要因为臭椿发出的气味就嫌弃它，它可是我们人类的好朋友。臭椿根系很发达，耐盐碱，适应性很强，是水土保持和盐碱地绿化的好树种。同时它的抗烟能力还特别强，能防止有害气体的扩散。它有这么多的优点，快点去认识它，记住它吧！

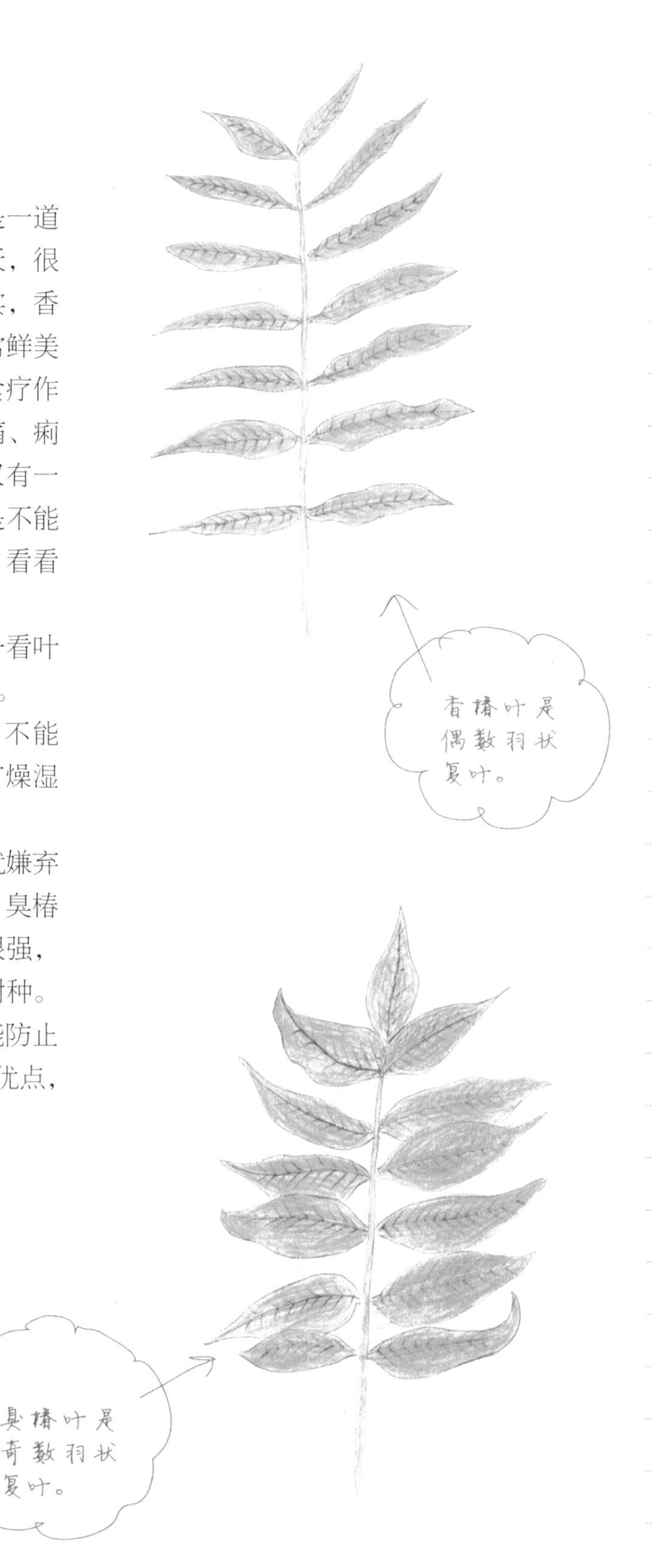

⑫ 桑树

你知道右边图片中是什么植物吗?

是桑树，上面挂着的桑葚，一种美味水果。桑树浑身都是宝。让我们一起来看看吧。

桑葚——桑树的果实

桑葚（shèn）是桑树的果实，一个桑葚上有很多密密麻麻的小核果，棕黄、棕红，甚至暗紫色的桑葚都有。桑葚味道甜美汁多，还可以晒干后再吃，也可以泡酒。它具有保健消暑、乌发明目的功效。

桑叶可以作为桑蚕宝宝的饲料，还可以入药，能够疏散风热、清肺润燥、清肝明目；桑叶中提取出来的物质还可以降血压、降血糖、降血脂、降胆固醇；桑叶汁还能抗菌消炎，提高人体免疫力，预防癌细胞生成。

另外桑树木材可以制作日常器具，桑树枝条可以编箩筐，桑皮可以做造纸原料等等。你看桑树是不是全身都是宝?

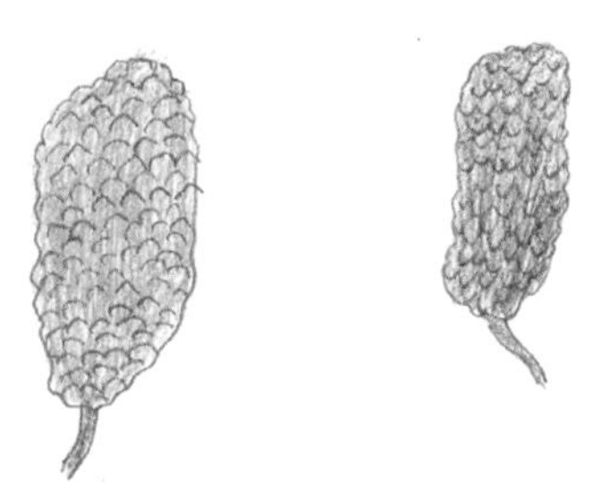

蚕种须教觅四眠，买桑须买枝头鲜。
蚕眠桑老红闺静，灯火三更作茧圆。
（黄燮清《长水竹枝词》）

蚕生春三月，春桑正含绿。
女儿采春桑，歌吹当春曲。
（南北朝民歌）

⑬ 睡莲、王莲和荷花

夏天到了，植物园的池塘里变得热闹起来。各种水生植物舒枝展叶、郁郁葱葱，最引人注目的是娇艳无比的出水芙蓉。它们色彩各异、姿态万千，有的紧紧贴在水面上，有的将花和叶子高高举起……堪称夏天里最美丽的风景。

睡莲的叶片不太大，一般在10厘米左右。

睡莲都长在水比较浅的地方，比如在靠岸比较近的地方。在深水区是没有睡莲生长的。

各种睡莲的花瓣都很窄，中间宽，两头尖。

坐在池塘边的凉亭里，我记录下它们美丽的身姿。

睡莲在白天盛开，到了晚上就纷纷合拢了。原来睡莲的名称是这样得来的。

我在池塘里看到了一种很奇特的植物，它具有与众不同的形态特征。

它就是大名鼎鼎的“王莲”，拥有水生植物最大的叶片。我看到的叶片直径一米多，资料上说直径最大可以到 3 米呢!

我们更熟悉的是荷花，每到夏季，赏荷的人络绎不绝。很多人用相机来记录它们，而我们要依靠手中的画笔。

这是我记录下的荷花，这可能是最常见的荷花了。

⑭ 芦苇和香蒲

暑假我到植物园玩，在一处湿地中看到水边长着不少像小竹子的植物。它们也是一节一节的，叶子也挺像，爸爸告诉我它就是芦苇。

芦苇是多年水生或湿生的高大禾草，生长在灌溉沟渠旁、河堤沼泽地等，世界各地均有生长。

芦苇的叶子，叶片长线形或长披针形，排列成两行。

大多数芦苇夏秋开花，在芦苇顶端开着稠密下垂的小穗一样的白色花。

湿地中的另一处，也长了不少挺水而出的绿色植物。看起来觉得是芦苇，但仔细一看又觉得不对。忙跑去询问了公园里的叔叔，终于知道它叫香蒲。

香蒲生于湖泊、池塘、沟渠、沼泽及河流缓流带。

香蒲的叶子是长条形的，光滑无

毛，长度比芦苇的叶子长，宽度比芦苇的叶子窄。

说起来好像有些复杂，其实把握住几点就能够区分开芦苇和香蒲了。第一，芦苇的竹节状的茎非常明显，而香蒲的茎基本上看不到；第二，芦苇的叶子像竹叶，而香蒲的叶子是长长的，水面上露出来的基本上都是它的叶子；第三，香蒲上面很多都长着像烤肠一样的蒲棒，而芦苇能长棒的非常少。

仔细看看你身边有没有草袋、草席、坐垫、茶垫、提篮等手工编织品，这些用品很多就是用香蒲的叶子做成的。

想了解有关植物园的更多知识，可以扫描二维码，一起快乐学习吧

⑮ 真假薰衣草

水边“薰衣草”

我发现人们似乎对薰衣草情有独钟，每当看到一片蓝紫色的花丛都会称之为“薰衣草”。在湿地的岸边，有时我们也能看到一片一片的开着蓝紫色花朵的植物。

这种植物叫梭鱼草，除了开花蓝紫色以外，处处和薰衣草都不一样。看来人们太不注重对植物的观察了，见到蓝色的一片就说是薰衣草，见到黄色的一团就说是迎春花。不是植物难以分辨，是人们没有去用心观察。

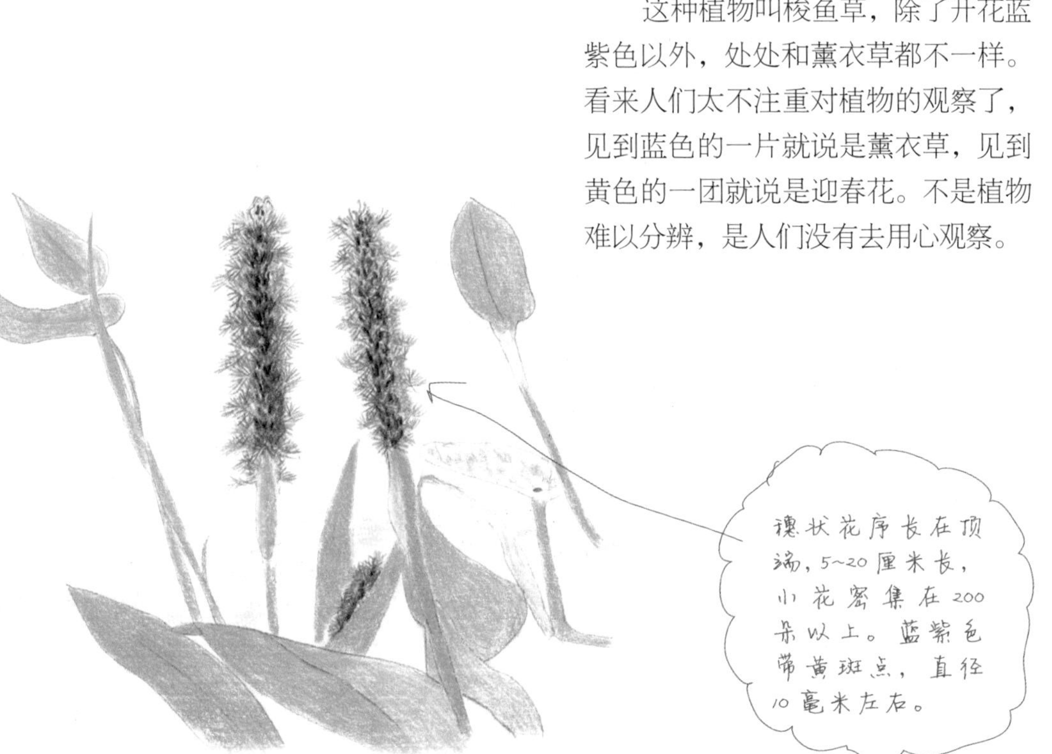

薰衣草与鼠尾草

在很多地方，都种植着成片的蓝色或紫色的花丛。看到它们，我也总认为是薰衣草，结果常常上当。它们有的是鼠尾草，有的是马鞭草，不过我也找到了薰衣草。我认真地观察了鼠尾草和薰衣草，并做了认真的笔记。

薰衣草叶片没有锯齿，又细又窄，和鼠尾草完全不一样。花在茎的顶端或叶腋处（叶片和茎之间夹的“胳肢窝”处）生长，而且是转着圈长。这种着生方式叫作“轮生”。它的花比鼠尾草更紫一些。

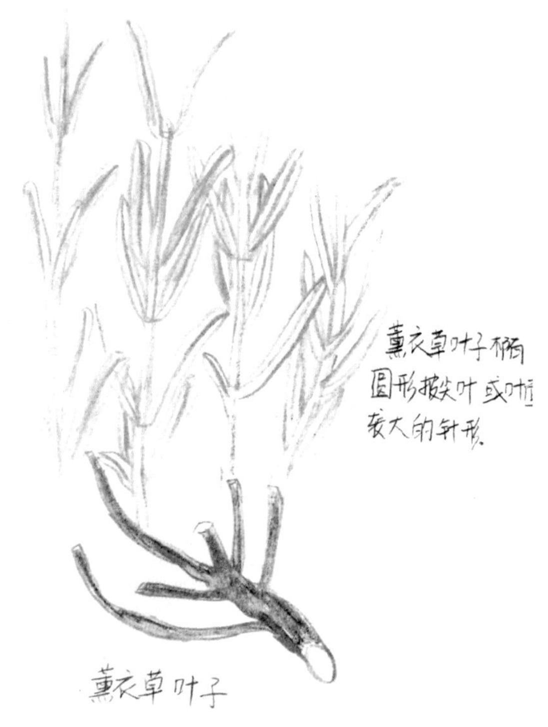
薰衣草叶子椭
圆形披尖叶或叶
较大的针形。
薰衣草叶子

两种植物叶和
茎的对比。

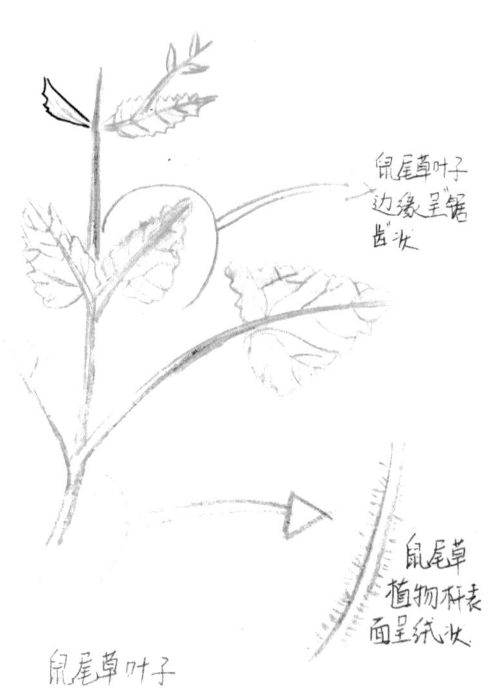
鼠尾草叶子
边缘呈锯
齿状
鼠尾草
植物杆表
面呈绒状。
鼠尾草叶子

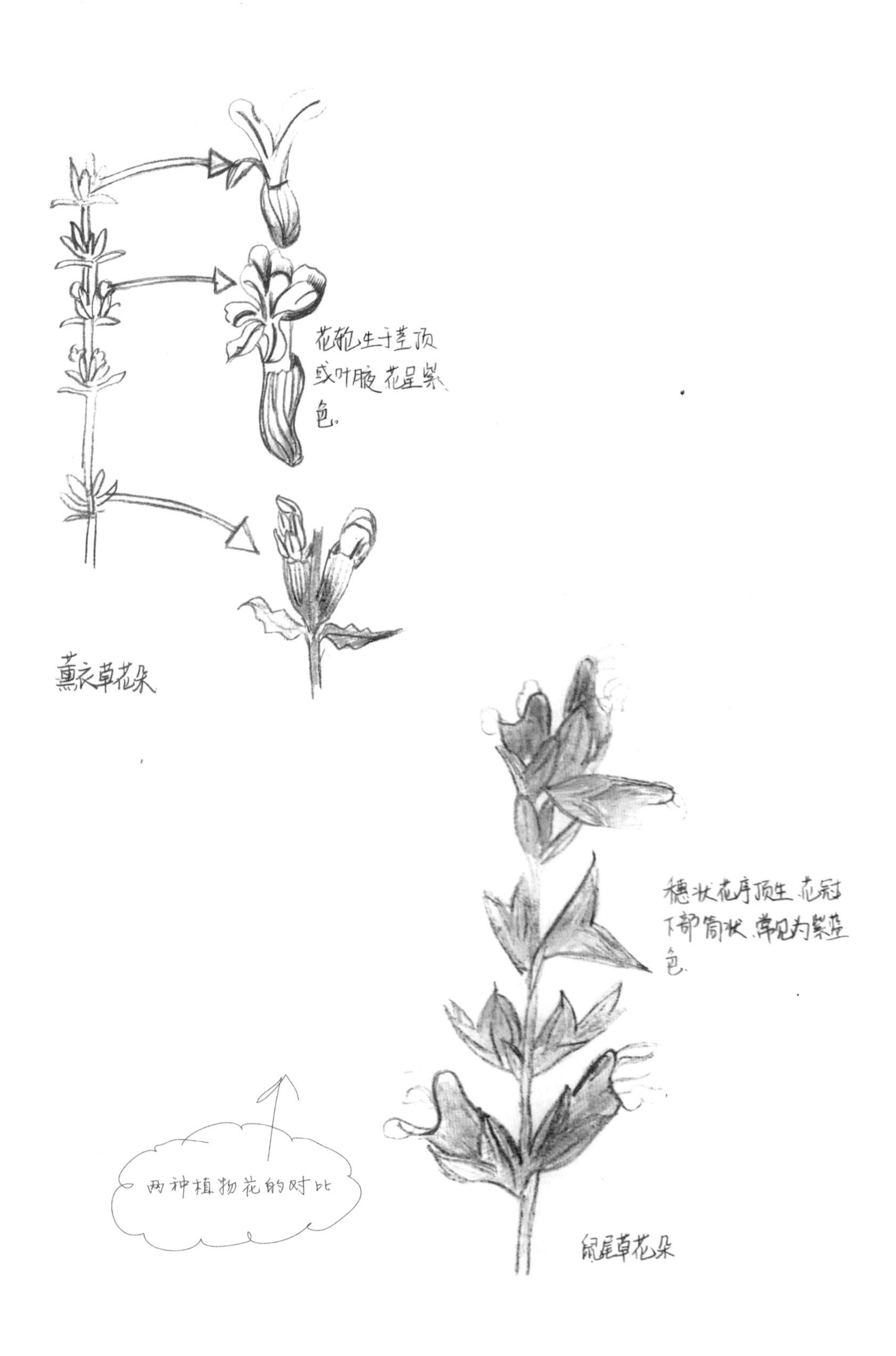
花轮生于茎顶
或叶腋 花呈紫
色。
薰衣草花朵
穗状花序顶生 花冠
下部筒状 常见为紫堇
色。
两种植物花的对比
鼠尾草花朵

走到乡间的小路上，

呼吸着新鲜的空气，

看着一片片绿油油的植物，

闻一闻泥土的芳香，

让心灵贴近自然，

感受生命。

第五部分

经济作物的观察

❶ 西瓜

西瓜是夏季主要的时令水果之一，是一种很大的甜甜的水果。目前公认的西瓜原产地是非洲，在 10 世纪的时候由西域传入中国。为了更深刻地了解西瓜，我们开始了种植西瓜的体验活动，这是一个同学的绘画笔记。

这是一份不错的绘画记录，但是老师要求我们挑一挑毛病，真是精益求精！

经过仔细观察，我们发现可以做以下修改：

首先，西瓜的叶片需要修改。西瓜的叶形是很有特点的，叶片的边缘有深深的缺裂。

咏西瓜

青青西瓜有奇功，溽暑解渴胜如冰。
甜汁入口清肺腑，玉液琼浆逊此公。

西瓜叶

其次，西瓜花是单性花，雄花和雌花长得不一样，应该在观察记录中体现出来。雌花的子房发育会长成果实，果皮由子房壁发育而成，分为外果皮、中果皮、内果皮三层，中果皮就是瓜瓤。

西瓜雄花的花蕊从上面看，就像是一个微缩版的火炬冰激凌头部。

（西瓜雄花见 110 页 ）

右边这幅图是我们修改后的一幅完整的西瓜形态图，是不是真实多了？

通过这次记录我认识到，做大自然观察笔记，重要的是认真观察，要把植物各部分的特征记录下来，这不仅是观察能力的问题，更是科学态度的问题。

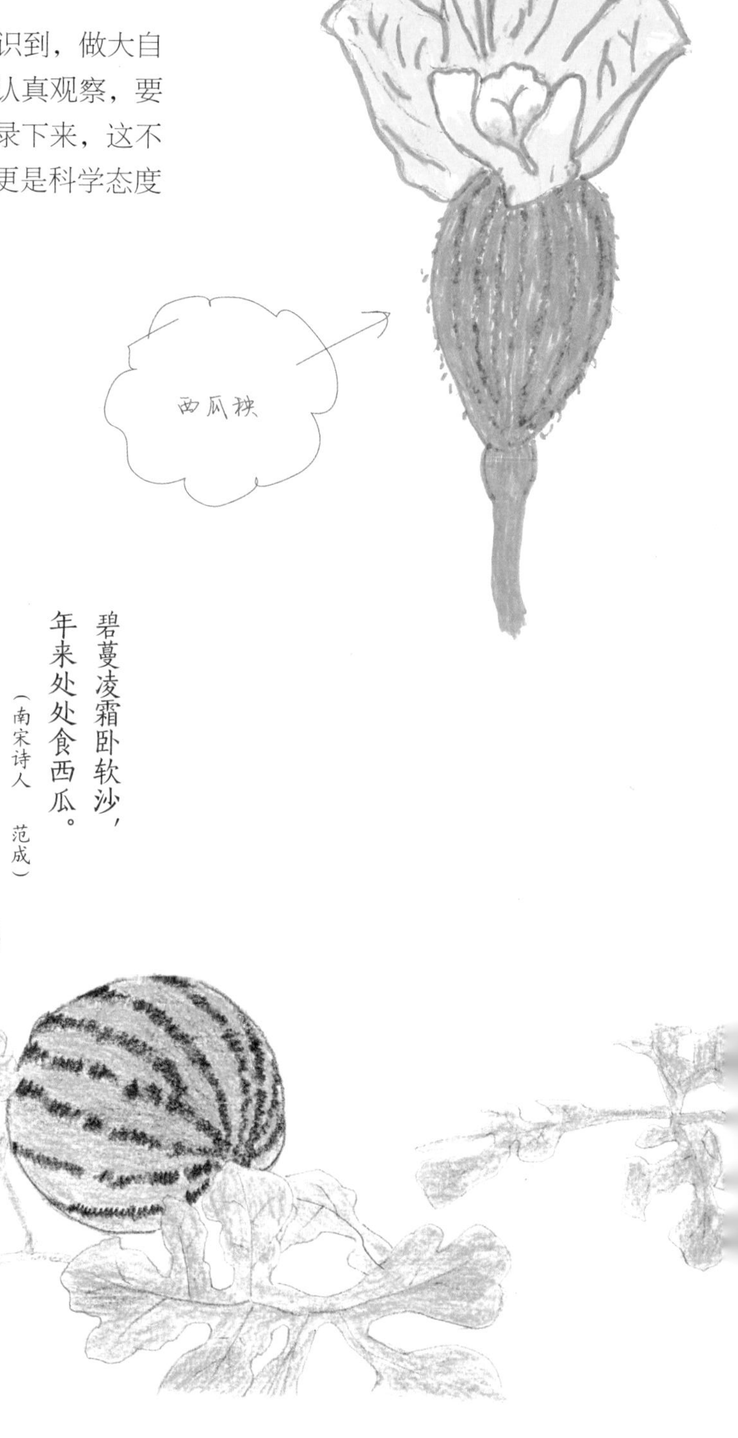

碧蔓凌霜卧软沙，
年来处处食西瓜。
（南宋诗人　范成）

❷ 马铃薯

这是一个小朋友用画笔记录的马铃薯生长的过程，可是我总觉得有些地方记录得不对。我们学校种了包括土豆在内的 40 多种农作物，我们去挖过土豆，大家都有经验，所以大家觉得他画的土豆不对劲。到底是哪里出了问题呢？我要认真观察一番。

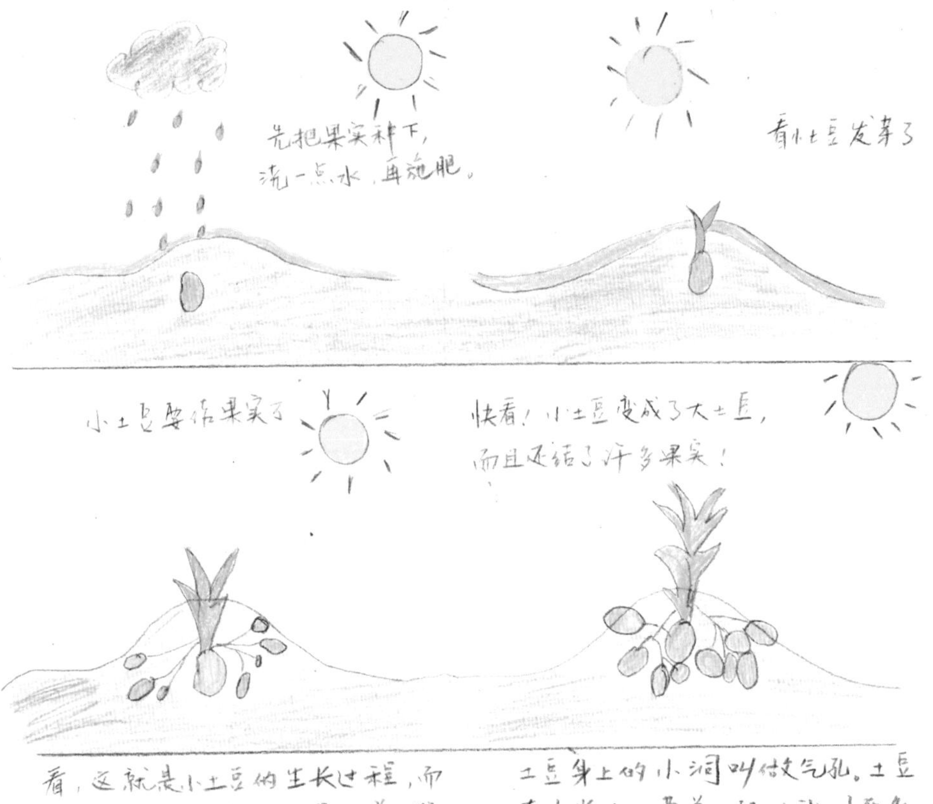

想了解有关蔬菜的更多知识，可以扫描二维码，一起快乐学习吧

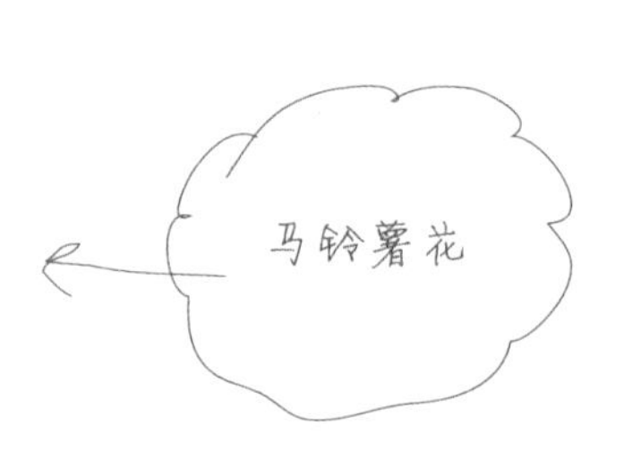

我终于发现问题在哪里了！

土豆不是果实！土豆是地下茎！大家看，土豆的上面会有一些小坑，它们叫芽眼，实际就是茎上的节。如果存放不当，土豆就会发芽，芽就从芽眼中钻出来。一个土豆有很多个芽眼，因此能发很多个芽，人们经常会把土豆切成几块，每块上只要有一个芽眼就可以了，直接把一个土豆埋在地里去种太浪费了。

土豆的茎和叶画得也不对。土豆本身是地下块状茎，发芽后还会长出地上直立茎，茎上长叶。

土豆刚刚长出的叶是单叶，叶片边缘没有齿。随着土豆的长大，逐渐会形成奇数的羽状复叶。

土豆开的花还挺漂亮的，也会结果。但是果实不是我们吃的土豆，而是开花后形成的圆球状的果实，直径1~2 厘米之间。

③ 菠萝蜜和榴莲

菠萝蜜和榴莲是两种截然不同的水果，一个闻起来臭臭的，一个吃起来香香的。

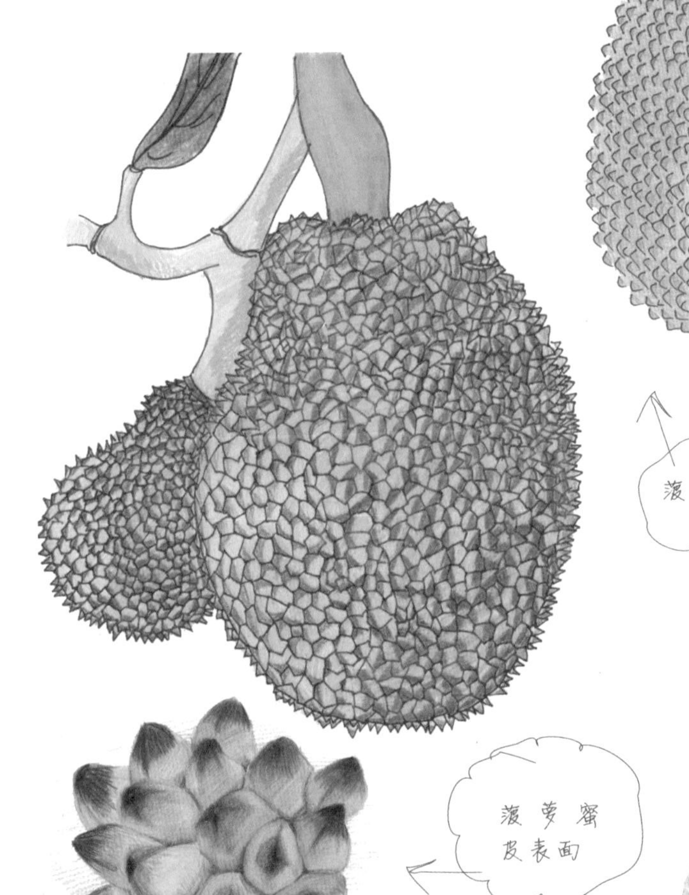

这是菠萝蜜，是热带水果，也是世界上最重的水果，一般重达 5~20 千克，最重超过 59 千克。

菠萝蜜的表皮坚硬，呈六角形瘤状凸体。虽然它的个头很大，但外形长得比榴莲斯文多了。

切开菠萝蜜，果实是一个一个椭圆形。

榴莲的果实和足球的大小差不多，它的果皮长得可比菠萝蜜夸张多了，上面密生了许多三角形刺。不仅外表张扬，榴莲还有一种特殊的臭味，这么有个性的水果，不喜欢的人无法接受，而喜欢的人却觉得非常香，这一点是不是和臭豆腐有些像呢？

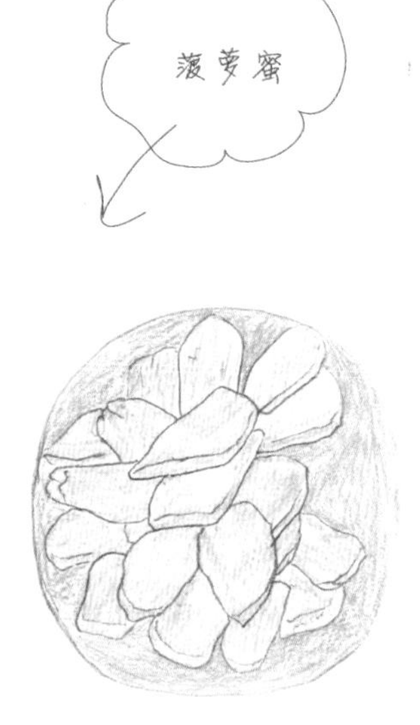

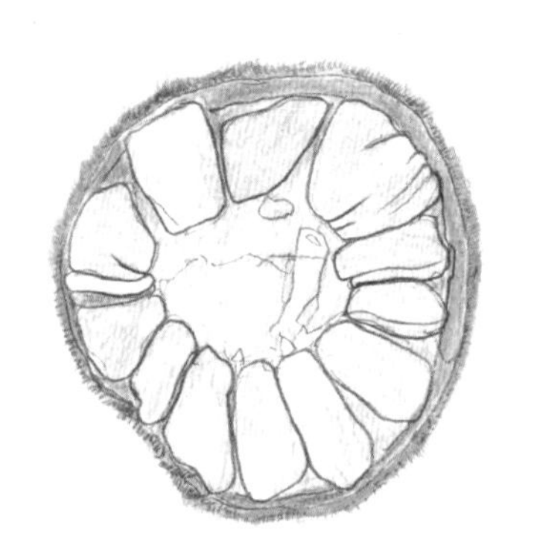

❹ 香蕉和芭蕉

我到超市买香蕉，也没看标签就买了一把。回家后妈妈说我买错了，这是芭蕉，不是香蕉。

我以为这就是小香蕉，它和香蕉有什么区别吗？我又来到超市进行观察。

经过对比我发现，香蕉和芭蕉真的不一样。

从果实的形状看，香蕉果实较长，形状弯曲呈月牙状。而且香蕉果实有明显的棱，一般 4~6 个。

芭蕉的果实短，一面略平，另一面略弯。这么明显的区别平时竟然没关注到，说明我还真没有养成认真观察的习惯，需要加强！

想了解有关水果的更多知识，可以扫描二维码，一起快乐学习吧

❺ 葡萄和提子

水果摊上，各种葡萄琳琅满目，还有进口的提子。我看了又看，提子和葡萄真的很像。

葡萄是一种圆形果，表皮颜色多种多样，有紫黑色、紫红色、青绿色、蓝色、金色、白色的。

明明都是葡萄，为什么又要叫提子呢？我跑去问妈妈。原来提子又称"美国葡萄""美国提子"，是葡萄的一类品种。以其果脆个大、甜酸适

口、极耐贮运、品质佳等优点，被称为“葡萄之王”。

“提子”本来是粤语口语对葡萄的称呼，由于早年进口葡萄借用了粤语的称呼，所以提子就被特指是进口品种的葡萄。但在粤语里，提子泛指所有种类的葡萄。粤语口语没有“葡萄”的叫法，只做书面语使用，粤语地区民间把所有种类的葡萄都称为“提子”。

原来提子就是葡萄的一种，怪不得它们如此之像。

❻ 大麦和小麦

六一，我们来到了郊区。田野里一片金黄，麦子成熟了。同学们非常兴奋，经过农民伯伯的允许，我摘了些麦穗分给大家。

农民伯伯问我们这是什么，我们信心满满，说是小麦。农民伯伯笑了，原来我们说错了，它是大麦。小麦和大麦对我们这些城里孩子来讲的确不容易区分。于是我们找到了标本，仔细观察起来。

原来小麦和大麦可以通过麦芒来区分。大麦的麦芒很长，而小麦的芒较短。

平时我们吃的面包、馒头、饼干、面条等食物都是小麦磨成面粉后制作出来的；发酵后也可以制成啤酒、酒精等。

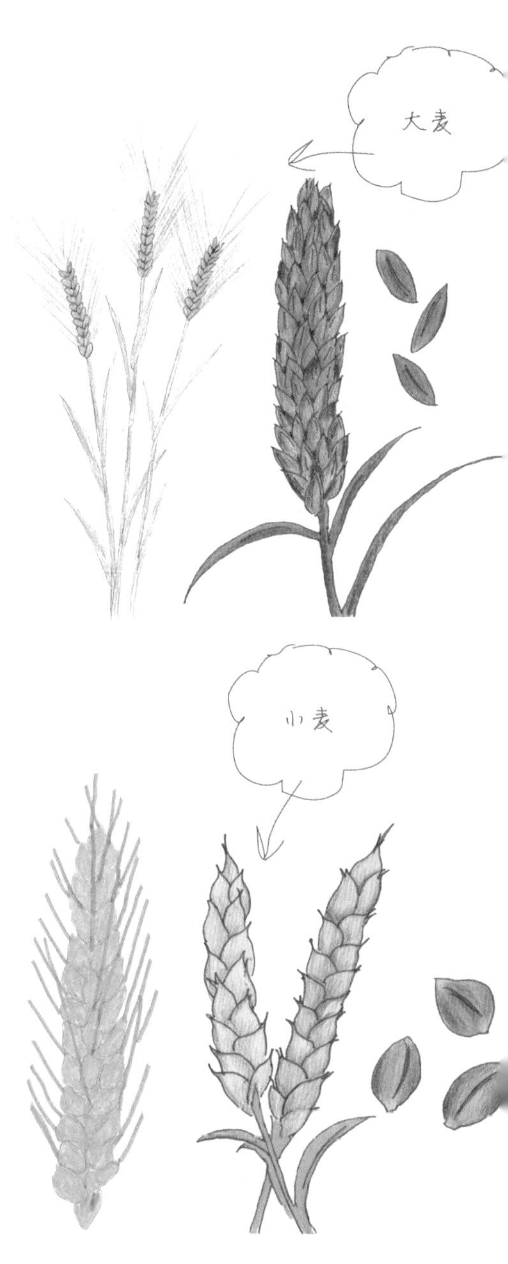

大麦与小麦的营养成分近似，但纤维素含量略高，一半的产量用做牲畜的饲料，一部分加工成食品食用，还有一部分用来酿造啤酒。

后来，我们在校园里种了些小麦，这是同学记录下的小麦生长的过程。

大麦成黄色，低头，高，颗粒子小，横排列紧密。
小麦成熟后，麦穗不低头，麦芒短。
大麦细长，小麦短粗。（大麦成熟早，先长长，但小麦成熟后比大麦长。）
麦苗时期：（有绿叶）
大麦淡绿（发黄）
小麦深点的绿（发蓝）
成熟后：
小麦颗粒比大麦饱满
大麦个体
小麦个体

❼ 棉花

其实啊，棉花并不是花。让我们一起来观察一下棉花有什么特征吧！

平常说的棉花，是一种植物开花后，长出的果子成熟时，裂开翻出的果子内部的纤维。

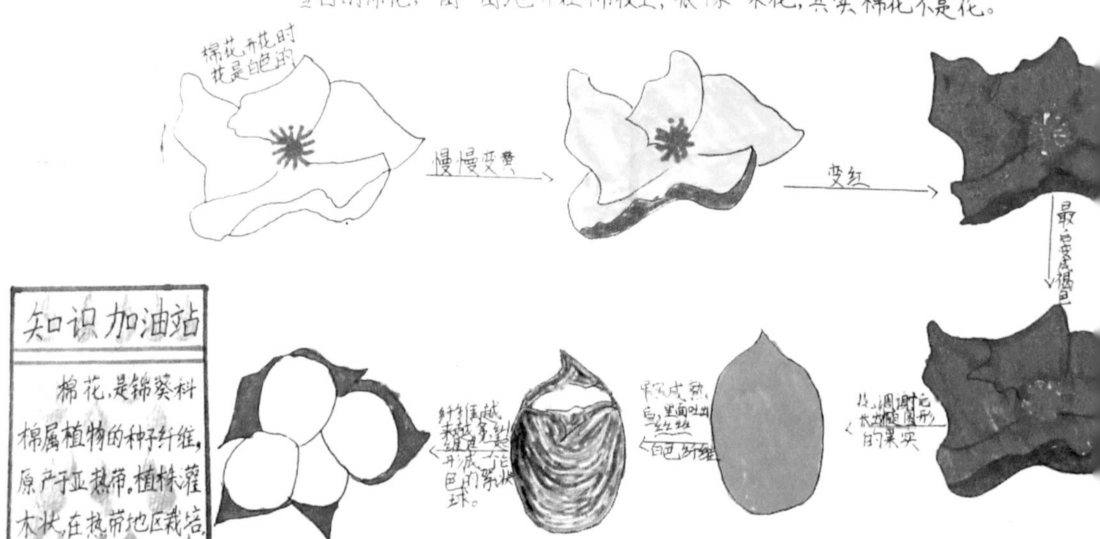

咏棉花

不恋虚名列夏花，洁身碧野布云霞。

寒来舍子图宏志，飞雪冰冬暖万家。

（当代诗人　左河水）

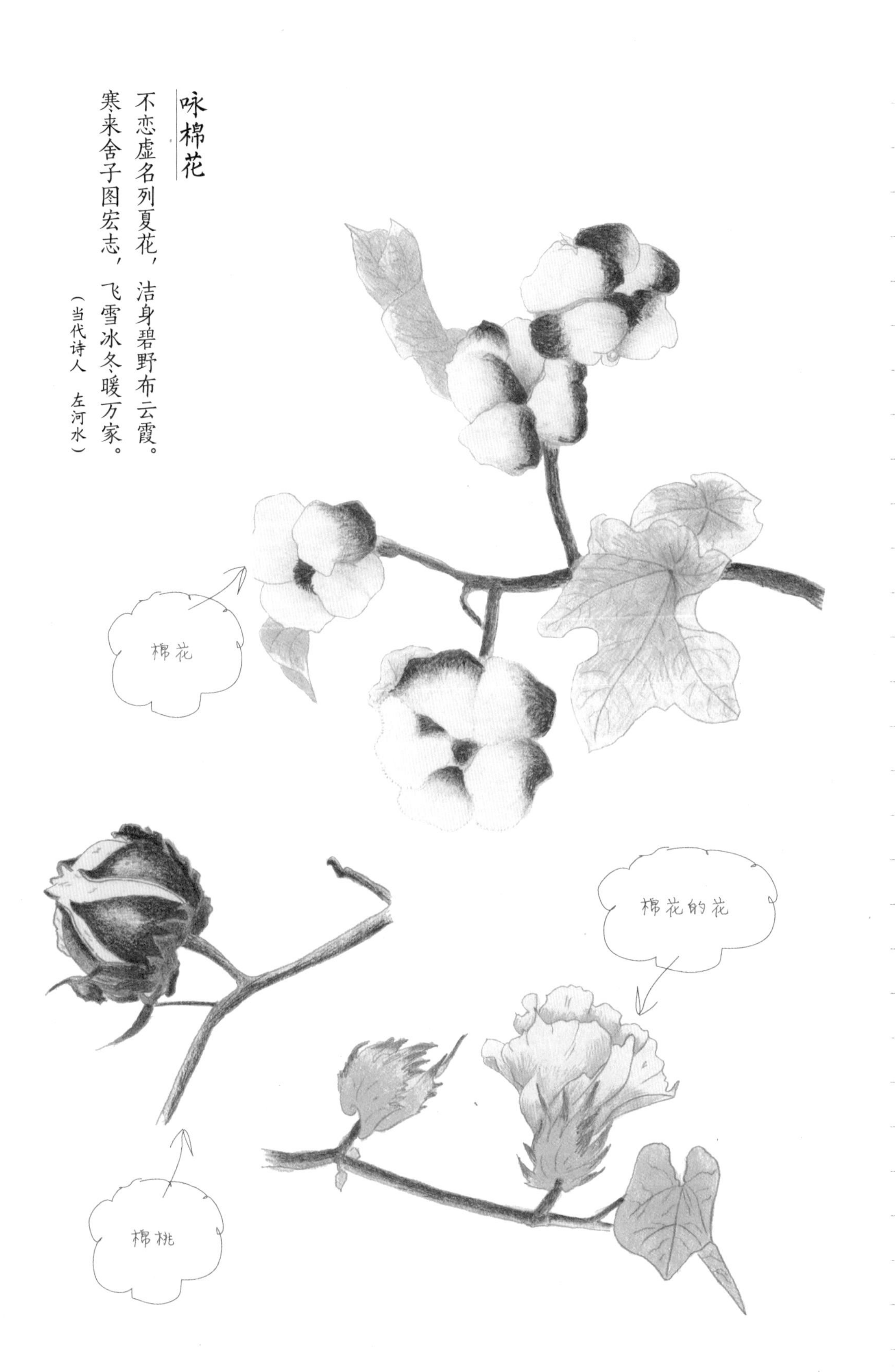

8 草莓

草莓的果实在哪里?

爷爷在院子里种了一株草莓，我等啊等，等到草莓开花了；我又等啊等，等到草莓结果了。

我终于品尝到草莓的香甜，高兴极了！我把草莓带到了学校，让老师和同学品尝。同学们吃得可开心了，连连说：“草莓的果实真好吃！”老师听了立刻停下来，告诉大家吃的并不是果实，这让我们大吃了一惊。

“我们吃的不是果实又是什么呀？”我问。老师让他们看看草莓的里面是什么样子的。

大家又费了九牛二虎之力，终于把草莓剖开了，草莓的里面的确和一般的果实不一样。里面没有种子，而且可以看到很多丝状的东西。

“草莓不是果实，是花托胀大后变成的假果，在发育过程中，花托胀大，变成球形的鲜红花托，把子房推到外部，就是草莓了。”老师说，“草莓上一粒粒的黑色小点，就是子房长成的小果实了。”

啊！原来这小黑点，它才是果实。

摘草莓

姐妹相邀摘草莓，鲜红梦呓满篮堆。
品尝一颗心如蜜，笑语和着云彩飞。

小知识

草莓是被子植物门、双子叶植物纲、蔷薇科、草莓属的一种植物，又名红莓、洋莓等。草莓不太耐运输和储存，常温情况下它的保鲜保质期很短，可以通过密封或冷冻的方法将其保存起来，这样在很长一段时间内草莓都不会坏。人们也会把草莓做成果酱、果汁、蜜饯、草莓酒、糕点的装饰水果和其他食物，味道也一样很好。

草莓喜欢生长在又冷又湿的地方。草莓原产于美洲地区，后来逐步引种传播到世界各地。

本书小画家

第三部分

第四部分

第五部分